Python
数据分析与挖掘

齐福利 杨 玲◎主 编

周晓芳 魏 鹏 王传东 刘 群 王昕雨◎副主编

U0280294

人民邮电出版社

北 京

图书在版编目（CIP）数据

Python数据分析与挖掘 / 齐福利，杨玲主编. -- 北京 : 人民邮电出版社，2023.11
ISBN 978-7-115-62221-1

Ⅰ. ①P… Ⅱ. ①齐… ②杨… Ⅲ. ①软件工具—程序设计 Ⅳ. ①TP311.561

中国国家版本馆CIP数据核字(2023)第120088号

内 容 提 要

本书面向大数据应用型人才，以任务为导向，全面地介绍 Python 数据分析与挖掘的常用技术与真实案例。全书共 7 章，第 1、2 章介绍 Python 数据分析的常用模块及其应用，涵盖 NumPy 数值计算模块、pandas 数据分析模块，较为全面地阐述 Python 数据分析的方法；第 3、4 章介绍轻量级的数据交换格式 JSON 和连接 MySQL 数据库的 pymysql 模块，并以此进行数据综合案例的分析；第 5 章介绍 Matplotlib 可视化模块，用于绘制一些统计图形；第 6 章主要讲解 Flask 框架结合 ECharts 实现可视化效果；第 7 章主要讲解在机器学习和数据挖掘中 sklearn 模块的应用。

本书适合作为高等院校大数据专业、人工智能专业的 Python 教材，也可作为 Python 相关培训的教材。

◆ 主 编 齐福利 杨 玲
  副 主 编 周晓芳 魏 鹏 王传东 刘 群 王昕雨
  责任编辑 王梓灵
  责任印制 马振武

◆ 人民邮电出版社出版发行 北京市丰台区成寿寺路 11 号
  邮编 100164 电子邮件 315@ptpress.com.cn
  网址 https://www.ptpress.com.cn
  北京隆昌伟业印刷有限公司印刷

◆ 开本：775×1092 1/16
  印张：14.5   2023 年 11 月第 1 版
  字数：268 千字   2023 年 11 月北京第 1 次印刷

定价：59.80 元

读者服务热线：(010)81055493 印装质量热线：(010)81055316
反盗版热线：(010)81055315
广告经营许可证：京东市监广登字 20170147 号

前　言

　　数据分析是"沙里淘金"，是从大量的数据中获得有价值的知识，而信息社会的数据量正在膨胀，亟须我们从芜杂的数据中淘出社会需要的"真金"，这已经成为人们的共识。无论是国家政府部门、企事业单位，还是个人，数据分析工作都是进行决策之前的重要环节，数据分析工作质量的好坏直接决定着决策的成败。数据分析不仅被应用于经济发展的各个领域，也被应用于人们的日常工作，人们的工作离开数据分析便无法达到满意的效果甚至会导致严重的失误。数据分析的工具、方法有很多，但比较通用且能显示分析人员水平、比较灵活且具有提升空间的莫过于 Python 数据处理与分析。

　　Python 是"胶水语言"，它的强大之处在于其融入了众多模块。Python 语言在数据处理和人工智能上大放异彩，也在于其相应模块具有很大优势。而 Python 的每一个模块无疑又是一个小的语言体系，这给学生掌握 Python 数据分析与处理知识增加了负担。有鉴于此，本书采用模块化组织方式，依据 Python 数据处理与分析的要求组织教学。模块又称扩展库，Python 数据分析的主要模块包括重在数值计算、对超大数组进行快速处理的科学计算基础库 NumPy，以及以 NumPy 为基础架构的数据分析包 pandas；JSON 格式在互联网时代应用广泛，JSON 模块则支持 JSON 格式与 Python 对象的转换；数据分析需要读/写数据库，本书专门介绍了 pymysql 模块的使用方法；可视化是数据分析最重要的一环，本书分别介绍了模块 Matplotlib、Flask 框架与 ECharts；数据挖掘则聚焦机器学习，本书特别介绍了 sklearn 模块各种算法模型的训练与应用。

　　本书面向大数据应用型人才，使用 Python 3.6.5 版本，采用流行的 PyCharm IDE 开发环境。本书是数据分析、挖掘的综合与深入应用，在学习本书之前读者应熟练掌握 Python 的基本语句和函数、MySQL 数据库的基本操作以及 SQL 语句的编写方法。本书对 Python 数据分析模块的语句知识点进行了案例介绍，以"动动手练习"的形式提高读者的编程技能。编者近几年一直从事数据分析教学，并带领学生参加各种大数据竞赛，将积累了多年的 Python 开发经验编写成书，希望能对更多的同行和学生有所助益。

在此特别感谢王永恒、王子、刘婷婷、刘敏老师参与本书的编写，他们的专业知识和研究成果为本书的顺利出版起到至关重要的作用。

由于信息技术发展迅猛，加之编者水平有限，本书难免存在不足之处，竭诚欢迎广大读者批评指正。

为了便于学习和使用，我们提供了本书的配套资源。读者扫描并关注下方的"信通社区"二维码，回复数字 62221，即可获得配套资源。

"信通社区"二维码

特别说明：本书为黑白印刷，书中图片未能体现部分程序运行结果的彩色效果，读者可在配套资源中获取相关彩图。

编者

2023 年 9 月

目　录

第 1 章　数值计算模块 NumPy ·· 1

1.1　NumPy 数组的创建与保存 ·· 2

1.1.1　使用基本方法创建数组 ··· 2

1.1.2　使用通用方法创建数组 ··· 3

1.1.3　读取外部数据创建数组 ··· 6

1.1.4　将数组保存为文本文件 ··· 7

1.2　NumPy 数组的操作 ·· 8

1.2.1　数组的数据类型操作 ··· 8

1.2.2　数组的形状及其相关操作 ··· 10

1.2.3　数组元素访问：索引与切片 ··· 13

1.2.4　数组运算 ··· 15

1.3　NumPy 数组常用函数 ·· 19

1.3.1　统计函数 ··· 19

1.3.2　逻辑函数 ··· 24

1.3.3　离散差分函数和梯度函数 ··· 26

1.3.4　随机函数 ··· 28

1.3.5　其他常用函数 ··· 30

1.4　股价统计分析案例 ·· 31

1.4.1　读取南方股价数据文件 ··· 31

1.4.2　计算市盈率 ··· 33

1.4.3　计算成交额加权平均价格 ··· 34

1.4.4　计算股价的极值 ·· 35

1.4.5　计算股价的方差与标准差 ·· 36

1.4.6　计算股票收益率和波动率 ·· 37

1.4.7　求平均收盘价极值分别在星期几 ·· 40

第 2 章　数据分析模块 pandas ·· 43

2.1　pandas 基础 ·· 43

2.1.1　pandas 简介 ··· 43

2.1.2　pandas 的数据结构 ·· 43

2.1.3　pandas 的安装和导入 ··· 44

2.1.4　pandas 数据结构的运算操作 ··· 44

2.2　从文件读取数据构建 DataFrame ··· 49

2.2.1　读取 CSV 文件 ·· 49

2.2.2　读取 TXT 文件 ·· 53

2.2.3　读取 Excel 文件中的数据 ··· 54

2.2.4　将 DataFrame 保存为 CSV 文件 ······································· 55

2.3　DataFrame 的访问与删除 ··· 57

2.3.1　访问方式 ·· 57

2.3.2　行列的删除 ·· 58

2.3.3　DataFrame 的访问实例 ·· 59

2.4　时间类型数据的转换与处理 ··· 60

2.4.1　使用 pd.to_datetime()方法 ··· 60

2.4.2　提取年月日、时分秒、季节、星期 ···································· 61

2.4.3　批量处理 Datetime 数据 ·· 62

2.5　数据的清洗 ·· 63

2.5.1　查找所有存在缺失值的行 ··· 63

2.5.2　删除缺失值 ·· 65

2.5.3　填充缺失值 ·· 67

2.5.4　重复值的处理 ·· 70

2.5.5　设置与重置索引 ·· 74

2.6　数据的整理 ·· 78

　　2.6.1　列内容的模糊筛选 ································ 78

　　2.6.2　列数据的转换 ····································· 80

　　2.6.3　数据的处理 ······································· 80

2.7　数据的分析统计 ·· 84

　　2.7.1　数据的描述性分析 ································ 84

　　2.7.2　数据的分组分析 ··································· 86

　　2.7.3　连续数据分区 ····································· 91

　　2.7.4　数据的相关性分析 ································ 93

第 3 章　JSON 模块与格式转换 ···························· 97

3.1　JSON 对象与 Python 对象 ·····························97

　　3.1.1　将 Python 对象转换为 JSON 对象 ··············97

　　3.1.2　将 JSON 对象转换为 Python 对象 ··············98

　　3.1.3　Python 对象和 JSON 对象的对比 ···············98

3.2　JSON 文件的读操作 ···································· 99

　　3.2.1　保存 JSON 文件 ·································· 99

　　3.2.2　读取 JSON 文件 ································· 100

　　3.2.3　JSON 模块的 4 个函数 ·························· 100

3.3　JSON 文件的练习 ····································· 101

　　3.3.1　读取 JSON 文件 ································· 101

　　3.3.2　使用 pprint()方法 ······························ 102

3.4　打开文件 ··· 103

　　3.4.1　引入 with 打开文件的原因 ····················· 103

　　3.4.2　使用 with open() as 读/写文件 ·················· 104

第 4 章　连接 MySQL 数据库的 pymysql 模块 ·········· 107

4.1　在 Python 3 中连接 MySQL ·························· 107

　　4.1.1　游标简介 ··· 107

　　4.1.2　使用 pymysql 连接 MySQL ····················· 108

4.1.3 pymysql.connect()函数的参数与实例 ·················· 110

4.2 pymysql 的基本使用方法 ··················· 112

4.2.1 数据库记录的增删改查操作 ··················· 112

4.2.2 返回字典格式数据 ··················· 120

4.2.3 pymysql 与 pandas 结合 ··················· 121

第 5 章 Matplotlib 可视化模块 ··················· 125

5.1 确定画布的大小和格局 ··················· 125

5.1.1 主画布的设置 ··················· 125

5.1.2 Matplotlib 属性的设置 ··················· 126

5.1.3 增加子图 ··················· 127

5.1.4 解决子图标题重叠问题 ··················· 129

5.2 绘制折线图和散点图 ··················· 130

5.2.1 plt.plot()函数的语法与基本使用方法 ··················· 130

5.2.2 图形的主要设置 ··················· 133

5.2.3 设置 x、y 轴坐标刻度 ··················· 136

5.2.4 在图上添加注释 ··················· 138

5.2.5 使用 plt.plot()函数绘制散点图 ··················· 141

5.3 使用 plt.scatter()函数绘制散点图 ··················· 142

5.4 使用 plt.bar()函数绘制条形图 ··················· 143

5.4.1 plt.bar()函数的语法与参数 ··················· 143

5.4.2 绘制堆叠条形图 ··················· 143

5.4.3 绘制并列条形图 ··················· 145

5.4.4 绘制条形图（横图） ··················· 146

5.4.5 绘制正负条形图 ··················· 147

5.5 使用 plt.hist()函数绘制直方图 ··················· 148

5.5.1 直方图与条形图的区别 ··················· 149

5.5.2 绘制直方图的一般格式 ··················· 149

5.6 绘制箱形图 ··················· 152

5.6.1 箱形图的组成、形状与作用 ··················· 152

　　　　5.6.2　绘制箱形图 ·· 154

　　　　5.6.3　给箱形图添加注释 ··· 160

　　5.7　雷达图 ·· 165

　　　　5.7.1　极坐标 ··· 165

　　　　5.7.2　绘制雷达图 ·· 166

　　5.8　三维图 ·· 167

　　5.9　通过 DataFrame 生成折线图 ··································· 169

第 6 章　Flask 框架与 ECharts 可视化 ································· 171

　　6.1　Flask 框架的基本概念与使用方法 ···························· 171

　　　　6.1.1　Flask 框架的基本使用方法 ····························· 171

　　　　6.1.2　Flask 框架的概念与更多使用方法 ···················· 173

　　6.2　ECharts 的使用方法 ·· 176

　　　　6.2.1　下载 ECharts 视图示例网页 ··························· 176

　　　　6.2.2　编写 Flask 程序调用示例网页 ·························· 178

　　6.3　使用 Flask 框架结合 ECharts 实现动态视图 ··············· 180

　　　　6.3.1　准备 JS 支持文件 ·· 180

　　　　6.3.2　在 Flask 框架的程序中定义数据 ······················ 183

　　　　6.3.3　修改 HTML 以适应 Flask 动态数据 ·················· 185

　　6.4　使用 Flask+MySQL+ECharts 实现联动视图 ··············· 188

　　　　6.4.1　数据库及表的准备工作 ·································· 188

　　　　6.4.2　选择简单柱状图作为模板 ······························ 190

　　　　6.4.3　从 MySQL 数据库中获取数据并在 ECharts 视图中展示 ········· 191

第 7 章　机器学习模块 sklearn ··· 196

　　7.1　sklearn 线性回归 ··· 196

　　　　7.1.1　一元线性回归模型的训练 ······························ 196

　　　　7.1.2　线性回归模型的评估方法 ······························ 199

　　　　7.1.3　分割数据集的方法 ·· 200

　　　　7.1.4　最小二乘法线性回归 ····································· 201

7.2　sklearn 分类算法 ·· 203

　　7.2.1　与分类器相关的概念 ··· 203

　　7.2.2　K 近邻查询算法 ·· 204

　　7.2.3　贝叶斯算法 ·· 206

　　7.2.4　决策树算法 ·· 209

　　7.2.5　随机森林算法 ··· 211

　　7.2.6　SVM 算法 ·· 212

7.3　sklearn 聚类算法 ·· 214

　　7.3.1　K 均值聚类算法的基本原理 ······································ 214

　　7.3.2　K 均值聚类算法的主要参数 ······································ 215

　　7.3.3　根据身高、体重和性别聚类 ······································ 216

　　7.3.4　对鸢尾花数据进行 K 均值聚类 ·································· 220

第 1 章 数值计算模块 NumPy

Python 语言是所谓的"胶水语言",除了自身的语言系统和规则外,结合了大量应用于不同领域、实现不同功能的扩展程序库(又称扩展模块或软件包)。这也是 Python 语言获得更多应用的关键。

NumPy 是 Python 语言的一个扩展模块,它支持多维数组与矩阵运算,为数组运算提供大量的数学函数库。

NumPy 是一个在 Python 中进行科学计算的基础库,重在数值计算,也是大部分 Python 科学计算库的基础库,多用于在大型、多维数据上执行数值计算。

在 NumPy 中,最重要的对象是称为 ndarray 的 N 维数组类型,它是描述相同类型元素的集合,是存储单一数据类型的多维数组。NumPy 的大多数功能以 ndarray 为核心展开。ndarray 中的每个元素在内存中使用相同大小的块,这是 NumPy 运行速度快的基础。

NumPy 是一个运行速度非常快的数学库,NumPy 专门针对 ndarray 的操作和运算进行了设计,所以对数组的存储效率和输入/输出性能远优于 Python 中的嵌套列表。数组越大,NumPy 的优势就越明显。NumPy 通常应用于以下场景。

(1)执行各种数学任务,例如数值积分、微分、内插、外推等。

(2)将计算机中的图像表示为多维数字数组。NumPy 提供了一些优秀的库函数来快速处理图像,例如镜像图像、按特定角度旋转图像等。

(3)在编写机器学习算法时,需要对矩阵进行各种数值计算,例如矩阵乘法、求逆、换位、加法等。NumPy 数组可用于存储训练数据和机器学习模型的参数。

尽管 Python 本身有列表等类似数组功能的序列数据类型,但对于相同的运算,使用列表的执行速度不能与使用 NumPy 数组 ndarray 相比。当数据量较大时,二者会有很明显的区别,列表处理的速度会很慢。

1.1 NumPy 数组的创建与保存

创建 NumPy 数组一般有以下 3 种方法。

- 通过传入可迭代对象创建，这是基本方法。
- 使用 NumPy 内部功能函数创建，这是一种通用方法。
- 读取外部数据创建。

1.1.1 使用基本方法创建数组

基本方法是对已知可迭代对象创建 ndarray 数组，即通过在 NumPy 提供的 array() 方法中传入可迭代对象来创建数组。这种方法通常是在已知所有元素的情况下使用的。

基本方法的实现格式：np.array([可迭代对象])。

那什么是可迭代对象？Python 可以对列表、元组、字典、字符串等类型的数据使用 for…in…循环语法，从其中依次读取数据，我们把这样的过程称为遍历，也叫迭代。所以，我们把能够通过 for…in…这类语句迭代读取一条条数据供用户使用的对象称为可迭代对象。

在 NumPy 中创建数组的基本方法如下。

【动动手练习 1-1】 使用基本方法创建数组

```
>>>import numpy as np
>>> np.array([0, 1, 2, 3, 4])    #接收一个列表作为参数
array([0, 1, 2, 3, 4])
>>> np.array([[11, 12, 13],[21, 22, 23]])    #创建一个 2*3 的二维数组
array([[11, 12, 13],
       [21, 22, 23]])
>>> np.array([[[1,2,3],[1,2,0]],[[5,6,7],[9,8,7]]])    #创建一个 2*2*3 的三维数
组,可以将其理解为由两个或更多个二维数组组成三维数组。同样地,四维数组可以被理解为由两个或更多
个三维数组生成
array([[[1, 2, 3],
        [1, 2, 0]],
```

```
        [[5, 6, 7],

         [9, 8, 7]]])
>>> np.array((0, 1, 2, 3, 4))    #接收一个元组作为参数
array([0, 1, 2, 3, 4])
#np.array()方法可以在创建数组的同时指定数据类型
>>> np.array([0, 1, 2, 3, 4], dtype=float)    #注意数据类型使用 dtype 定义
array([0., 1., 2., 3., 4.])
#还可以将创建整数列表的 range()函数返回的可迭代对象作为参数
>>> np.array(range(5))
array([0, 1, 2, 3, 4])
>>> np.array(range(10, 20, 2))
array([10, 12, 14, 16, 18])
>>>type(np.array(range(5)))    #查看变量类型
numpy.ndarray
```

ndarray 是同一个数据类型的数组，后面会有更详细的介绍。实现以下语句，查看返回的 ndarray 各元素的值。

```
np.array([0, 1, 2, 3, 4], dtype=str)
np.array([0, 1, 2, 3, 4], dtype=bool)
```

1.1.2　使用通用方法创建数组

通用方法指的是由 NumPy 提供的 np.arange()、np.linspace()、np.ones()、np.zeros()、np.eye()、np.full()、np.random.random()、np.random.randint()方法直接生成数组。这些方法可以按照某种规则生成一个数组，并不需要传入已知的可迭代对象。

【动动手练习 1-2】　使用通用方法创建数组

（1）np.arange()方法。

前面我们将 range()函数的结果传递给 np.array()，是对已知可迭代对象创建 ndarray 数组，这和 NumPy 中的 np.arange()方法实现的功能是一样的。np.arange()方法是直接生成数组，可以说 np.arange()方法就是 NumPy 中的 range()方法。

```
>>> np.arange(5)
array([0, 1, 2, 3, 4])
>>> np.arange(10, 20, 2)
array([10, 12, 14, 16, 18])
```

（2）np.linspace()方法。

np.linspace()方法以等间距的形式划分给定的数来创建数组。

```
>>> np.linspace(10, 20, 5)   #将10~20的数等距取5个
array([10. , 12.5, 15. , 17.5, 20. ])
```

（3）np.ones()方法。

np.ones()方法用于创建一个元素值全为 1 的数组，接收一个列表或者元组作为参数，这些参数决定创建数组的维数。

```
>>> np.ones([2]) #创建一个一维数组
array([1., 1.])
>>> np.ones([2, 2])   #创建一个二维数组
array([[1., 1.],
    [1., 1.]])
>>>np.ones([2, 3, 3],dtype=int)   #创建一个三维数组，该数组由2个3*3的二维数组组成
array([[[1, 1, 1],
        [1, 1, 1],
        [1, 1, 1]],
       [[1, 1, 1],
        [1, 1, 1],
        [1, 1, 1]]])
```

（4）np.zeros()方法。

np.zeros()方法用于创建一个元素值全为 0 的数组，接收一个列表或者元组作为参数。

```
>>> np.zeros([3]) #创建一个一维数组，参数是一个列表[3]
array([0., 0., 0.])
>>> np.zeros((3, 3))   #创建一个二维数组，参数是一个元组(3, 3)
array([[0., 0., 0.],
    [0., 0., 0.],
    [0., 0., 0.]])
```

（5）np.eye()方法。

np.eye()方法用于创建一个从左上角到右下角的对角线上的元素值全为 1，其余元素值全为 0 的数组（单位矩阵）。注意，np.eye()方法的参数可不再是列表或者元组了。

```
>>> np.eye(3, 3) #注意np.eye()方法与np.zeros()、np.ones()方法参数的区别，np.eye()
方法的参数是两个数值
```

```
array([[1., 0., 0.],
    [0., 1., 0.],
    [0., 0., 1.]])
>>> np.eye(2, 3)
array([[1., 0., 0.],
    [0., 1., 0.]])
```

可以将对称的矩阵（如上面的 np.eye(3, 3)）简写为 np.eye(3)，其结果是相同的。

当然，以上生成数组的数值类型默认是浮点型，如果设置为其他数值类型可使用 dtype 定义。

（6）np.full()方法。

np.full()方法可以创建一个填充给定数值的数组。数组由两个参数组成：第 1 个参数是定义数组形状的列表或元组，第 2 个参数是需要填充的数值。

```
>>> np.full((2, 3), 3)   #创建一个 2*3 的数组，所有元素都填充 3
array([[3, 3, 3],
    [3, 3, 3]])
```

（7）np.random.random()方法。

np.random.random()方法用于创建一个元素值为 0～1 的随机数数组，接收一个列表或者元组作为参数。

```
>>> np.random.random((3, 3))   #创建一个 3 行 3 列的二维数组
array([[0.19414645, 0.2306415 , 0.08072019],   #数组元素是随机产生的
    [0.68814308, 0.48019088, 0.61438206],
    [0.5361477 , 0.33779769, 0.38549407]])
```

（8）np.random.randint()方法。

既然有 np.random.random()方法，就会有 np.random.randint()方法，也就是取随机整数的方法。不过这个 np.random.randint()方法参数的形式与 Python 的 random.random()不太一样，具体请看下面的实例。

```
>>>import random
>>>random.random()        #取 0～1 的随机数
0.4481402883460749
>>>random.randint(10,20)    #取 10～20 的随机整数
15
#注意 np.random.randint()方法与 Python 的 random.random()方法的异同
>>> np.random.randint(1, 10, 3)   #从 1～10 中随机取 3 个整数创建一维数组
```

```
array([6, 4, 6])
>>> np.random.randint(1, 10,(2,3))        #创建 2 行 3 列的二维数组，参数(2,3)是数组形状
array([[7, 4, 3],
       [9, 1, 6]])
```

数组形状就是数组的维数。事实上，比较 np.random.randint()方法与 Python 的 random.random()方法，我们就会发现，Python 的 random.random()方法主要是实现一个随机数，而 np.random.randint()方法是一次生成一个数组的随机数，并且可以定义不同的数组形状。

1.1.3　读取外部数据创建数组

数据分析离不开对数据的获取，NumPy 也支持从外部读取数据来创建数组，例如从硬盘中读取 CSV、TXT 等文本文件来创建数组。np.loadtxt()是 NumPy 中读取文件的一个方法（NumPy 还有其他读文件的方法，本书只介绍该方法），其一般用法：np.loadtxt (fname, dtype=<class 'float'>, comments='#', delimiter=None, converters=None, skiprows=0, usecols=None, unpack=False)。

各参数说明如下。

- fname：要读取的文件、文件名或生成器。
- dtype：数据类型，默认为浮点型。
- comments：注释，默认是#。
- delimiter：分隔符，默认是空格。
- converters：转换器，可以对读入的数据设置转换操作，一般与转换函数配合使用。
- skiprows：跳过前几行读取，默认是 0，必须是整型。
- usecols：要读取哪些列，0 是第 1 列。例如，usecols = (1,4,5)将提取第 2、5 和 6 列。默认读取所有列。
- unpack：如果为 True，将分列读取，有多少列就返回多少个向量数组；如果为默认的 False，则分行读取，将读取的列合并为一个向量元素。

上面给出了 np.loadtxt()方法所有的关键字参数，下面我们只对感兴趣的参数给出示例。

【动动手练习 1-3】　读取外部数据创建 NumPy 数组

在 d 盘的 data 目录下创建一个 id.csv 文件，文件内容如下。（表示路径的方式有"/"和"\\"两种，本书统一采用"\\"）

```
id,height,length
```

```
1,100,101
2,200,230
3,300,350
```

通过 NumPy 读取数据。

```
>>> np.loadtxt('d:\\data\\id.csv',delimiter=',',skiprows=1)    #也可以写成
#np.loadtxt(fname='d:\\data\\id.csv',delimiter=',',skiprows=1)
array([[  1., 100., 101.],    #按行输出
       [  2., 200., 230.],
       [  3., 300., 350.]])
>>>np.loadtxt('d:\\data\\id.csv',delimiter=',',skiprows=1,unpack=True)# 增
加 unpack 参数
array([[  1.,   2.,   3.],    #按列输出，一列为一维
       [100., 200., 300.],
       [101., 230., 350.]])
```

第 1 个参数 fname 为'd:\\data\\id.csv'，是读取的文件名称。

第 2 个参数 delimiter 是指定读取文件中数据的分割符。

第 3 个参数 skiprows 是选择跳过的行数。

我们可以比较 unpack 参数的作用，默认行数据为数组元素。将其值设为 True，则按列输出。

读取外部数据的方法还有 np.genfromtxt()等，在此不再介绍，读者可自行查阅相关知识学习。

1.1.4　将数组保存为文本文件

np.savetxt()方法需要 2 个参数：第 1 个参数是文件名，数据类型为字符串；第 2 个参数是被写入文件的数据，数据类型为 ndarray 对象。

需要说明的是，写入的 ndarray 数组元素数据为字符串内容时，写入会出错。这是因为 NumPy 是一个数学计算包，侧重数值的处理，只能写入数值数据。另外，使用 NumPy 可直接导入数值数据，但读字符串会出错，如果必须读入文本数据，一般会使用转换器对应的函数将文本转换为数值。

下面举例说明使用 np.savetxt()方法写入文本文件。

【例题 1-1】　将 NumPy 数组保存为文件

```
>>>import numpy as np
```

```
>>> matrix=np.eye(2).astype('int')        #生成对称矩阵二维数组，并将其值转换为整数
>>> matrix                    #查看矩阵数组
array([[1, 0],                #显示结果
       [0, 1]])
>>> matrix.dtype              #查看矩阵二维数组的数据类型
dtype('int32')               #显示为 32 位的整数
>>> np.savetxt('d:\\data\\eys.txt',matrix)     #使用 np.savetxt()方法写入文本文件
```

写入文本文件的结果如图 1-1 所示。

图 1-1　使用 np.savetxt()方法写入文本文件的结果

从图 1-1 可以看出，ndarray 对象中的元素数据类型原本为整型，但写入文件时转变为浮点型。同样，使用 np.loadtxt()方法载入数据时，即使原来文本中数据的类型为整型，载入后转换为 ndarray 数组的数据类型也会默认变成浮点型，读者可自行试验。

1.2　NumPy 数组的操作

1.2.1　数组的数据类型操作

作为一个强大的科学计算库，NumPy 支持的数据类型远不止 Python 原生的几种数据类型。表 1-1 所示为 NumPy 支持的数据类型。

表 1-1　NumPy 支持的数据类型

数据类型（小写）	描述
bool_ 或 bool	布尔值（True 或 False），存储为 1 个字节
int_ 或 int	默认的整数类型（与 C 语言的 long 相同；通常是 int64 或 int32）
intc	与 C 语言的 int（通常为 int32 或 int64）相同
intp	用于索引的整数（与 C 语言的 ssize_t 相同；通常是 int32 或 int64）
int8	字节值（取值范围为−128～127）
int16	整数（取值范围为−32768～32767）

续表

数据类型（小写）	描述
int32	整数（取值范围为−2147483648～2147483647）
int64	整数（取值范围为−9223372036854775808～9223372036854775807）
uint8	无符号整数（取值范围为 0～255）
uint16	无符号整数（取值范围为 0～65535）
uint32	无符号整数（取值范围为 0～4294967295）
uint64	无符号整数（取值范围为 0～18446744073709551615）
float_ 或 float	float64 的简写
float16	半精度浮点数：1 个符号位，5 位指数，10 位尾数
float32	单精度浮点数：1 个符号位，8 位指数，23 位尾数
float64	双精度浮点数：1 个符号位，11 位指数，52 位尾数
complex_	complex128 的简写
complex64	复数，由两个 32 位浮点数（实部和虚部）组成
complex128	复数，由两个 64 位浮点数（实部和虚部）组成

1．创建数组时指定数组的数据类型

表 1-1 中的数据类型可以通过 np.bool_、np.float16 等形式调用，创建数组时可以指定数据类型。

```
>>> a = np.array([0, 1, 0, 10], dtype=np.bool_)
>>> a
array([False, True, False, True])    #将 0 值转换为 False，非 0 值转换为 True
```

这里要分清使用的是 Python 的数据类型，还是 NumPy 的数据类型。例如，int 是 Python 的数据类型，可以使用 dtype=int；而 int_是 NumPy 的数据类型，必须使用 np.int_。

NumPy 中后缀带下画线 "_" 的数据类型指向的是 Python 原生的数据类型，也就是说，np.bool_与 Python 中的原生 bool 数据类型等效，np.float_与 Python 中的原生 float 类型等效。

2．查看 NumPy 数组的数据类型

我们可以通过 NumPy 数组自带的 dtype 属性来查看数组的数据类型。

```
>>> a.dtype    #查看数组 a 的数据类型。注意，dtype 后面没有括号
dtype('bool')
>>>type(a)    #查看变量的数据类型
NumPy.ndarray
```

为什么输出的类型是 bool 而不是 bool_ 呢？这是因为显示了原生的数据类型。查看数组的数据类型是 NumPy 对象的一种方法；查看变量的数据类型是 Python 的一个函数。

3．修改已有数组的数据类型

一个数组已经被创建，但是想要改变其数据类型，那就可以使用.astype()方法。

```
>>> a.astype(np.int)      #数组 a 接上例
array([0, 1, 0, 1])
>>>b = np.random.random((2,2))
>>>b
array([[0.02914317, 0.645534 ],
    [0.61839509, 0.64155607]])
>>>b.dtype
dtype('float64')
>>>b.astype(np.float16)      #返回 16 位浮点数，但不改变原数组的数据类型
array([[0.02914, 0.6455 ],
    [0.618 , 0.6416 ]], dtype=float16)
>>>b.dtype
dtype('float64')      #仍是 64 位浮点数
```

将 64 位浮点数改为 16 位浮点数，精度会变低，显示的位数会变少。但此时查看原数组仍是 64 位浮点数。要完全改变原数组的数据类型，需将返回值赋给原数组变量。

1.2.2　数组的形状及其相关操作

在 NumPy 中，数组用于存储多维数据，所以数组的形状指的是数据的维度大小，以及每一维度元素的个数。与数组形状相关的概念有维度（轴）和形状（秩）。

与数组形状相关的方法如下。

（1）.ndim：查看维度（轴）。

（2）.shape：查看形状（秩）。

（3）.size：查看元素个数。

（4）.itemsize：查看元素所占的字节。

注意，这些方法均没有括号。

1．查看数组形状

查看数组形状的代码如下。

```
>>> a = np.array([[2, 3, 4], [5, 6, 7]])      #创建 2*3 的二维数组
```

```
>>> a
array([[2, 3, 4],
    [5, 6, 7]])
>>> a.shape      #查看形状属性
```

输出结果如下。

```
(2, 3)
```

可以看到，查看形状属性时返回的是一个元组，元素的长度代表数组的维度。元组的每一个属性代表对应的维度的元素个数，（2，3）就表示第 1 个维度的元素个数是 2（2 行），第 2 个维度的长度是 3（3 列）。

2. 修改数组形状

创建数组后，数组的形状也是可以改变的。使用数组的.reshape()方法可以改变数组的形状。

```
>>> a = np.ones((2, 12))
>>> a
array([[1., 1., 1., 1., 1., 1., 1., 1., 1., 1., 1., 1.],
[1., 1., 1., 1., 1., 1., 1., 1., 1., 1., 1., 1.]])
>>> a.shape
(2, 12)
>>> a.size    #查看数组的长度，即总元素个数
24
>>> b = a.reshape(2, 3, 4)    #a.reshape()方法用于返回改变形状的数组，但不改变 a 的数组形状
>>> b
array([[[1., 1., 1., 1.],
    [1., 1., 1., 1.],
    [1., 1., 1., 1.]],

    [[1., 1., 1., 1.],
    [1., 1., 1., 1.],
    [1., 1., 1., 1.]]])
>>> b.shape
(2, 3, 4)
>>> b = a.reshape((2,3,4))        #元组作为参数，结果相同
```

```
>>> b
array([[[1., 1., 1., 1.],
    [1., 1., 1., 1.],
    [1., 1., 1., 1.]],

    [[1., 1., 1., 1.],
    [1., 1., 1., 1.],
    [1., 1., 1., 1.]]])
>>> b.shape
(2, 3, 4)
>>> b.ndim    #查看数组的维度（轴）数
3
```

可以看到，.reshape()方法可以同时传入多个描述形状的数字，也可以传入一个数组。不过，将形状改变为一维数组时，传入的必须是元组。另外需要注意，传入.reshape()方法的多个参数的乘积必须与改变前数组的总长度相等，即 2×3×4=24，否则系统会报错。

显然，计算时需要特别小心。因此，NumPy 还提供了一个"−1"的表示方式。数组新的 shape 属性要与原来的匹配，如果等于−1，那么 NumPy 会根据剩下的维度计算出数组的另外一个 shape 属性值。

例如下面的代码。

```
b = a.reshape(2, 3, -1)        #指定前两个维度的长度，第三个维度为"−1"则会自动匹配
b.shape
 (2, 3, 4)
```

3. 将多维数组转换为一维数组的专用方法.flatten()

NumPy 数组专门提供了.flatten()方法将一个多维数组转换为一维数组。这个方法在执行数组运算时非常有用。

```
>>> a = np.ones((2, 3))
>>> b = a.flatten()
>>> b
array([1., 1., 1., 1., 1., 1.])
>>> b.shape
(6,)
```

1.2.3　数组元素访问：索引与切片

NumPy 的数组访问一般通过索引与切片实现，NumPy 在这一方面可谓功能非常强大。NumPy 数组中所有的位置索引都是从 0 开始的，我们可以根据位置索引来精确读取数据。

索引与切片的所有实例都以数组 a 展开。

```
>>> a = np.arange(36).reshape((4, 9)) #a = np.arange(36).reshape((4, -1))
>>> a
array([[ 0,  1,  2,  3,  4,  5,  6,  7,  8],
    [ 9, 10, 11, 12, 13, 14, 15, 16, 17],
    [18, 19, 20, 21, 22, 23, 24, 25, 26],
    [27, 28, 29, 30, 31, 32, 33, 34, 35]])
```

（1）读取一行数据。

```
>>> a[1]     #读取第 2 行数据
array([ 9, 10, 11, 12, 13, 14, 15, 16, 17])
```

（2）读取连续多行数据。

```
>>> a[:2]    #读取前 2 行数据
array([[ 0,  1,  2,  3,  4,  5,  6,  7,  8 ],
    [ 9, 10, 11, 12, 13, 14, 15, 16, 17]])
>>> a[1:]    #读取第 2 行后面的所有行数据
array([[ 9, 10, 11, 12, 13, 14, 15, 16, 17],
    [18, 19, 20, 21, 22, 23, 24, 25, 26],
    [27, 28, 29, 30, 31, 32, 33, 34, 35]])
```

也可以加上步长。

```
>>> a[::2]       #每隔一行读取一次数据
array([[ 0,  1,  2,  3,  4,  5,  6,  7,  8],
    [18, 19, 20, 21, 22, 23, 24, 25, 26]])
```

（3）读取不连续多行数据。

```
>>> a[[0,-1]]      #读取第一行和最后一行数据
array([[ 0,  1,  2,  3,  4,  5,  6,  7,  8],
    [27, 28, 29, 30, 31, 32, 33, 34, 35]])
```

可以看到，根据索引对 NumPy 取值的方法与 Python 中使用列表索引取值的方法

类似，都是在方括号中传入位置进行索引取值。对不连续多行进行索引时，每一位数据之间用逗号隔开行位置形成列表取行数据；对连续行进行索引时，使用冒号隔开开始和结束行位置。实际取行时，结束行标号要减一。连续行的开始行和结束行标号可省略，如 a[::]。省略时表示从数组的开始位置到结尾位置获取全部内容。下面是取列数据的操作，与取行数据相似。

（4）读取一列数据。

```
>>> a[:,1]          #读取第 2 列数据
array([ 1, 10, 19, 28])
```

（5）读取连续多列数据。

```
>>> a[:,1:3]        #读取第 2 列到第 3 列数据
array([[ 1, 2],
    [10, 11],
    [19, 20],
    [28, 29]])
```

（6）读取不连续多列数据。

```
>>> a[:,[0,3]]      #读取第 1 列和第 4 列数据
array([[ 0, 3],
    [ 9, 12],
    [18, 21],
    [27, 30]]))
```

（7）读取连续多行多列数据。

```
>>> a[1:3:,1:3]     #读取第 2、3 行中的第 2、3 列数据
array([[10, 11],
    [19, 20]])
```

（8）读取多个不连续位置的数据。

通过上面的讲解，你应该明白读取行、读取列的规律了，那么如果读取不连续的多行多列呢？例如读取第 1、3 行与第 2、4 列，你可能认为是 a[[0, 2], [1, 3]]，我们来看看以下代码。

```
>>> a[[0, 2], [1, 3]]
array([ 1, 21])
```

由结果可知，返回的并不是预期的数据，而是第 1 行第 2 列、第 3 行第 4 列的数据，也就是（0,1）和（2,3）位置的数据。读取第 1、3 行与第 2、4 列数据方法如下。

```
>>> a[[0,0,2,2],[1,3,1,3]]
```

```
array([ 1,  3, 19, 21])
```

（9）读取单个数据。

```
>>> b = a[3,3]
>>> b
30
>>> type(b)    #取单个类型时，返回的就是一个确切的 NumPy 类型数值
<class 'NumPy.int64'>
```

1.2.4　数组运算

1．算术运算

NumPy 可以进行加减乘除、求 n 次方和取余数等运算。

参与数组运算的可以是两个 ndarray 数组，也可以是数组与单个数值。如果两个均为数组，需要注意的是数组必须具有相同的形状或符合数组广播规则。

NumPy 的广播规则如下。

- 如果两个数组的维度不相同，那么小维度数组的形状会在最左边补 1。
- 如果两个数组的形状在任何一个维度上都不匹配，那么数组的形状会沿着维度为 1 扩展，以匹配另外一个数组的形状。
- 如果两个数组的形状在任何一个维度上都不匹配并且没有任何一个维度为 1，那么会引起异常。

NumPy 数组主要的算术运算如下。

```
print(np.add(x1,x2))          #与 x1+x2 等价
print(np.subtract(x1,x2))     #与 x1-x2 等价
print(np.multiply(x1,x2))     #与 x1*x2 等价
print(np.divide(x1,x2))       #与 x1/x2 等价
print(np.power(x1,x2))        #x1 的 x2 次方
print(np.remainder(x1,x2))    #取余数也可以用 np.mod(x1,x2)
```

【动动手练习 1-4】　数组算术运算

（1）相同形状数组的运算。

```
>>> x1=np.array([[1,2,3],[5,6,7],[9,8,7]])
>>>x1.shape
(3, 3)
>>> x2=np.ones([3,3])
```

```
>>> x2.shape
(3, 3)
>>> x1+x2    #与np.add(x1,x2)等效
array([[ 2.,  3.,  4.],
       [ 6.,  7.,  8.],
       [10.,  9.,  8.]])
```

#其他运算（减、乘、除）请读者自行实验

```
>>> np.mod(((x1+x2)*x1/3).astype(np.int8),x1)    #取余操作
array([[0, 0, 1],
       [0, 2, 4],
       [3, 0, 4]], dtype=int32)
>>>x2*=3
>>>x2
array([[3., 3., 3.],
       [3., 3., 3.],
       [3., 3., 3.]])
>>> np.power(x1,x2)    #乘方操作
array([[  1.,   8.,  27.],
       [125., 216., 343.],
       [729., 512., 343.]])
```

取余操作时，需要经过多重算术运算再进行取余操作。

（2）不同形状数组的运算，必须符合广播规则。

```
>>> x3=np.full((2,3),4)
>>> x3
array([[4, 4, 4],
       [4, 4, 4]])
>>> x3.shape
(2, 3)
>>> x1+x3
ValueError: operands could not be broadcast together with shapes (3,3) (2,3)
```

系统提示值错误：操作数不能与形状(3,3)(2,3)一起广播。

下面看一下一维数组能否和已有的多维数组进行运算。

```
>>> x4=np.arange(8)
```

```
>>> x4.shape
(8,)
>>>x1+x4
ValueError: operands could not be broadcast together with shapes (3,3) (8,
)
```

一维数组形状值大于二维数组的形状值时，会返回错误。数组广播规则已经明确，只有一维数组的形状值不大于二维数组的形状值时才可以广播匹配。

下面验证一维数组形状值不大于二维数组的形状值时，数组运算的情况。

```
>>> x4=np.arange(3)    #一维数组形状值等于二维数组的形状值
>>> x4.shape
(3,)
>>> x1+x4
array([[1, 3, 5],
       [5, 7, 9],
       [9, 9, 9]])
>>> x3+x4
array([[4, 5, 6],
       [4, 5, 6]])
>>> x4=np.arange(1)    #一维数组形状值小于二维数组的形状值
>>> x1+x4
array([[1, 2, 3],
       [5, 6, 7],
       [9, 8, 7]])
```

2．数组逻辑判断表达式的连接操作

在数据分析过程中，我们常常会遇到需要将序列中的数值元素进行对比或加以条件判断的情况，在 Python 中可以运用 NumPy 数组的布尔逻辑来解决这些问题。NumPy 中的逻辑运算包括逻辑判断表达式与连接操作符两个方面。

（1）逻辑判断表达式：由等于（==）、大于（>）、小于（<）、大于等于（>=）、小于等于（<=）、不等于（!=）等逻辑运算符实现。这些逻辑运算符都是对两个相同形状的数组进行相应位置元素的比较判断，或是一个数组对一个值进行比较判断，结果是一个逻辑值的列表。而对整个数组进行比较得到一个逻辑值的判断则需要借助后面介绍的 all 和 any 函数完成。

（2）连接操作符：与（&）、或（|）。连接操作符可以连接逻辑判断表达式。这

里与后面介绍的逻辑运算函数 logical_and()和 logical_or()的作用一致，用于比较试验。

【动动手练习 1-5】　数组逻辑运算

```
>>> import NumPy as np
>>> x_obj = np.random.rand(10)          #包含 10 个随机数的数组
>>> x_obj
array([0.27891809, 0.8573368 , 0.78180964, 0.89926442, 0.44110754,
       0.69994068, 0.84545436, 0.31694934, 0.7900553 , 0.58884895])
>>> x_obj > 0.5                         #比较数组中每个元素值是否大于 0.5
array([False,  True,  True,  True, False,  True,  True, False,  True,  True])
>>> x_obj[x_obj> 0.5]                    #获取数组中大于 0.5 的元素
array([0.8573368 , 0.78180964, 0.89926442, 0.69994068, 0.84545436,
       0.7900553 , 0.58884895])
>>> sum((x_obj>0.4) & (x_obj<0.6))       #值大于 0.4 且小于 0.6 的元素数量，True 表示 1,
False 表示 0
2
>>> a = np.array([1, 2, 3])
>>> b = np.array([3, 2, 1])
>>> a > b                                #两个数组中对应位置上元素的比较
array([False, False,  True])
>>> a[a>b]                               #数组 a 中大于数组 b 对应位置上元素的值
array([3])
>>> a == b
array([False,  True, False])
>>> a[a==b]
array([2])
>>> x_obj = np.arange(1, 10)
>>> x_obj
array([1, 2, 3, 4, 5, 6, 7, 8, 9])
>>> x_obj[(x%2==0)&(x>5)]                 #大于 5 的偶数，两个数组进行布尔"与"运算；判断表达式
加括号
array([6, 8])
>>> x_obj[(x%2==0)|(x>5)]                 #大于 5 的元素或者偶数元素，布尔"或"运算；判断表达式
加括号
```

```
array([2, 4, 6, 7, 8, 9])
```

以上任何通过逻辑运算能够访问的数组，自然也可以被赋值。

```
>>> x_obj[(x_obj %2==0)|( x_obj >5)] =0
>>> x_obj
array([1, 0, 3, 0, 5, 0, 0, 0, 0])
```

1.3　NumPy 数组常用函数

下面以学生的学习成绩为数据样本展开练习，介绍 NumPy 数组常用函数。

通过随机函数生成一个班 50 名同学的语文、数学、化学、物理和外语 5 门课的相应成绩，假设每个同学的成绩范围为 46～100。

```
>>>import numpy as np
>>>score=np.random.randint(46,100,(50,5))
```

1.3.1　统计函数

1．计算数组/矩阵中的最大值和最小值

np.amax(np 数组[,[axis=]0])用于计算数组中的元素沿指定轴的最大值；np.amin(np 数组[,[axis=]0]) 用于计算数组中的元素沿指定轴的最小值。

二维数据对象的大多数方法都会有 axis 这个参数，它控制了用户指定的操作是沿着 0 轴还是 1 轴进行。一般而言，axis=0 代表对列进行操作，axis=1 代表对行进行操作，省略该项则默认找到整个数组的最大值、最小值。

【动动手练习 1-6】　计算数组/矩阵中的最大值、最小值

```
>>>np.amax(score)        #产生一个单一的值
99
>>>np.amin(score)
46
#或
>>>score.max()
>>>score.min()
```

分别计算语文、数学、化学、物理和外语的最高成绩和最低成绩。

```
>>> np.amax(score,axis=0)        #生成一个数组；np.amax()方法与np.max()方法相同
```

```
array([98, 99, 99, 97, 99])      #对应语文、数学、化学、物理和外语的最高成绩
>>> np.amin(score,0)             #可自行验证 np.amin()方法与 np.min()方法相同
array([46, 47, 46, 48, 47])      #对应语文、数学、化学、物理和外语的最低成绩
```

查看总成绩排在前三的同学的各门课程最高、最低成绩。

```
>>> np.max(score,axis=1)[:3]     #np.amax()和 np.max()是同一个方法，可混用
array([96, 97, 97])
>>> np.min(score,axis=1)[:3]     #np.amin()和 np.min()是同一个方法，可混用
array([68, 53, 55])
```

再总结一下，np.amax(score)是求出整个数组中的最大值。np.amax(score,0)是沿着 axis=0 轴（按列）比较的最大值。np.amax(score,1)是沿着 axis=1 轴（按行）比较的最大值。

2．统计最大值与最小值之差

np.ptp()即极差函数，极差是一组数据的最大值与最小值之差。

将成绩差值进行分析，可以发现班级中同学总的学习差距、各门课程的差距，以及各位同学的偏科程度。

【动动手练习 1-7】 使用极差函数

```
>>> np.ptp(score)                #求出所有成绩的最高值与最低值的差
53
>>> np.ptp(score,axis=0)         #求出各门课程的最高成绩与最低成绩的差
Out[49]: array([52, 52, 53, 49, 52])
>>> np.ptp(score,axis=1)         #求出每位同学各门课程最高成绩与最低成绩的差
```

3．统计数组的分位数（百分位数）

np.percentile()函数的作用是求百分位数，从而能够让用户知道数字大致的分布。

np.percentile()函数原型：np.percentile(a, q, axis=None)。

各参数说明如下。

- a：原始数组，可以是多维数组。
- q：要计算的百分位数，取值范围为 0～100，多个值时要使用列表方式。
- axis：在 a 的轴上计算百分位数。

查看学生整体成绩的分布情况，从最低成绩（0%），处于 10%、25%、50%、75%位置上的成绩，最高成绩（100%）查询，即批量查询。

【动动手练习 1-8】 使用分位数函数

```
>>>np.percentile(score,[0,10,25,50,75,100])
array([46. , 51.9, 60. , 75.5, 87. , 99. ])
```

查看每门课程的成绩分布情况。

```
>>> n=np.percentile(score,[0,10,25,50,75,100],axis=0)
>>> n
array([[46.  , 47.  , 46.  , 48.  , 47.  ],
       [49.8 , 50.9 , 50.7 , 52.9 , 55.8 ],
       [56.  , 65.  , 60.25, 61.25, 61.5 ],
       [70.5 , 80.5 , 73.  , 71.  , 80.  ],
       [87.75, 89.  , 79.5 , 86.  , 86.75],
       [98.  , 99.  , 99.  , 97.  , 99.  ]])
```

可以发现，数组的列是每门课程的成绩分布数据，列出的是处于不同百分数位置上的成绩，实际上，处于 50%位置上的数据就是相应的中位数，不是平均数。

可以通过 T 转置，将列转换为行的形式展示（原来的行自然就转为列）。

```
>>> n.T    #每一行分别对应语文、数学、化学、物理和外语的成绩情况
```

4．统计数组中的中位数

中位数又称中值，是统计学中的专有名词，代表一个样本、种群或概率分布中的数值，是把所有观察值（数组）按从高到低排序后找出的正中间的数。如果数组数据的个数是奇数，则中间那个数就是这组数据的中位数；如果数据的个数是偶数，则中间 2 个数的算术平均值就是这组数据的中位数。

下面使用 np.median()函数分别查找所有课程成绩的中位数、每门课程的中位数和每一位同学成绩的中位数。

【动动手练习1-9】　使用中位数函数

```
>>>np.median(score)
75.5
>>>np.percentile(score,50)
75.5
>>>np.median(score,axis=0)
array([70.5, 80.5, 73. , 71. , 80. ])
>>> np.median(score,axis=1)[:3]    #仅显示总成绩排在前三的同学成绩的中位数
array([72., 65., 83.])
```

有时候，中位数可能比平均值更有说服力，比如，全社会的工资中位数比平均工资更能体现全社会大多数人的收入水平。

5．统计数组中的平均数、加权平均值

在 NumPy 中，np.mean()函数和 np.average()函数都有取平均数的意思，在不考虑

加权平均的前提下，两者的输出是一样的。

求所有成绩的平均值、各门课程的平均值。

【动动手练习 1-10】 使用均值函数

```
>>>np.mean(score)
73.676
>>>np.average(score)
73.676
>>>np.mean(score,axis=0)          #求各列的平均值
array([72.12, 76.16, 71.52, 73.12, 75.46])
>>>np.mean(score,axis=1)[-3:]     #axis=1 时，则求每位学生的平均成绩
array([70.2, 78.6, 77.4])
```

当每门课程权重不一样时，可以通过 np.average()函数计算加权平均值，求出每一位学生成绩的加权平均值和全部成绩的加权平均值。

np.average()函数根据在另一个数组中给出的各自的权重，计算数组中元素的加权平均值。该函数可以接收一个轴参数。如果没有指定轴参数，则数组会被展开。

加权平均值即将各数值乘以相应的权数，然后相加求和得到总体值，再除以总的单位数。

```
>>>w=np.array([120,120,100,100,120])    #定义语文、数学、化学、物理和外语的成绩对应
的权重
>>>np.average(score, weights=w, axis=1)[:3]      #显示成绩排在前三的值
array([79.      , 70.10714286, 78.17857143]) #"79."后面的空表示未显示部分
>>>np.average(score, weights=w, axis=1).mean()
73.77285714285715
```

6．统计数组中的方差和标准差

方差是概率论中最基础的概念之一，是由统计学天才罗纳德·费雪提出的。方差用于衡量数据离散程度，因为它能体现变量与其数学期望（均值）之间的偏离程度。

【例题 1-2】 计算方差

计算方差，是指先求一组数据中各个数减去这组数据平均数的平方和，再对平方和求平均数。如求（1，2，3，4，5）这组数据的方差，就要先求出这组数据的平均数(1+2+3+4+5)÷5＝3，再求各个数与平均数的差的平方和，$(1-3)^2+(2-3)^2+(3-3)^2+(4-3)^2+(5-3)^2=10$，最后求平方和的平均数 10÷5＝2，即这组数据的方差为 2。

标准差是方差的算术平方根（开根号）。由于方差是数据的平方，与检测值本身相差太大，人们难以直观衡量，所以常用方差开根号来衡量。标准差的公式：std ＝

sqrt(mean((x - x.mean())**2))。

标准差和方差一样反映了一个数据集的离散程度，但平均数相同，标准差未必相同。

【例题 1-3】　计算标准差

A、B 两组各有 6 名学生参加同一次语文测验，A 组的分数为 95、85、75、65、55、45，B 组的分数为 73、72、71、69、68、67。这两组分数的平均数都是 70，但 A 组的标准差为 17.08，B 组的标准差为 2.16，说明 A 组学生成绩之间的差距比 B 组学生成绩之间的差距大得多。

下面通过 NumPy 提供的方差、标准差函数查看学生成绩的离散程度。

【动动手练习 1-11】　计算方差和标准差

使用 NumPy 计算标准差和方差的方法如下。

（1）np.std(a, axis = None)：计算标准差。

（2）np.var(a, axis = None)：计算方差。

```
>>>np.var(score)            #未指定轴，计算全部成绩的方差
 241.891024

>>>np.std(score)            #未指定轴，计算全部成绩的标准差
15.55284617039595           #只有一个标准差并不能确定其离散程度的高低

>>>np.std(score,axis=0)  #按列计算每门课程成绩的标准差
 array([16.97603016, 16.16955163, 14.43224168, 14.96882093, 14.51648718])
#计算语文、数学、化学、物理和外语的标准差，可以相互比较各科成绩的差距
#计算每一位学生各科成绩的离散程度（差距）
>>>np.std(score,axis=1)[4:7]   #显示其中的 3 个标准差
 array([17.14176187,  1.74355958, 14.81890684])   #数值大代表偏科严重
```

7. 求和：一般求和与按轴累积求和

【动动手练习 1-12】　sum()求和

```
>>>np.sum(score)                #未指定轴，计算所有成绩的和
18419
>>>np.sum(score, axis=0)   #每门课程的成绩和（按列）
array([3606, 3808, 3576, 3656, 3773])
>>>np.sum(score, axis=1)[:3]     #排在前三的学生的成绩和（按行）
array([392, 349, 385])
```

np.cumsum(score[,axis=0])是按轴累积求和，未指定轴则对所有元素累积求和。axis=0 表示对多维数组按列累积求和，axis=1 表示对数组按行累积求和。

```
>>>np.cumsum(score)[245:]        #对所有成绩累积求和，显示最后 5 个，共有 50*5 个
```

```
array([18120, 18167, 18229, 18326, 18419], dtype=int32)
>>>np.cumsum(score,axis=0)[:3]      #按列对每门课程成绩累积求和，显示前 3 行
array([[ 69,  96,  72,  68,  87],
       [166, 161, 150, 121, 143],
       [249, 258, 216, 176, 227]], dtype=int32)
```

读者可以自行试验对行成绩（每个同学的成绩）累积求和。

1.3.2 逻辑函数

1．np.any()函数和 np.all()函数

【例题 1-4】 使用 np.any()函数和 np.all()函数

```
>>>a1=score[0]
>>>a2=score[1]
>>> print('第一行大于第二行：',a1>a2)
第一行大于第二行：  [False  True False  True  True]
>>> print('第一行只要有大于第二行的元素：',np.any(a1>a2))
第一行只要有大于第二行的元素：  True
>>> print('第一行的元素全部都大于第二行的元素：',np.all(a1>a2))
第一行的元素全部都大于第二行的元素：  False
```

使用 np.any()函数时，只要结果中存在一个 True，最后结果就为 True。而使用 np.all()函数时，只有结果中全为 True，最后的结果才为 True。

2．NumPy 中的逻辑运算函数

Python 中有 and、or、not 三个逻辑运算符，NumPy 使用 np.logical_and()、np.logical_or()、np.logical_not()三个函数来进行逻辑运算。

【动动手练习 1-13】 数组逻辑运算综合练习

将第一位同学的各门课程成绩与其后的 3 位同学进行比较，获取其成绩均高于其他 3 位同学的课程名称。

```
>>>a3=score[0]>score[1]
>>>a4=score[0]>score[2]
>>>a5=score[0]>score[3]
>>>np.logical_and(a3,a4,a5)   #与 a3&a4&a5 等价
array([False, False, False,  True,  True])   #对应语文、数学、化学、物理和外语成绩；
物理与外语的成绩高于其他 3 位同学的相应成绩
```

```
>>>score[0][a3&a4&a5]    #查看高于其他 3 位同学的物理与外语成绩
array([68, 87])
```

np.logical_and()函数的参数必须是 2 个及以上，可以是多个布尔表达式列表数组。查看前 3 位同学每门课程成绩有没有大于 90 分的。

```
>>>np.logical_or(score[0]>90,score[1]>90,score[2]>90)
 #等价于(score[0]>90) | (score[1]>90) | (score[2]>90)，布尔表达式要有括号
array([ True,  True, False, False, False])   #可以判断语文、数学成绩有大于 90 分的
```

np.logical_or()函数的参数是 2 个及以上。

查看某同学的成绩不在 70～80 分的课程。

```
>>>np.logical_not(score[0]>=70, score[0]<80)
array([ True, False, False, True, False])
```

np.logical_not()函数的参数是 1 个及以上。

3. NumPy 的 np.where()函数

np.where()函数其实是一个三元运算符。函数满足条件返回一个值，反之返回另一个值。

【动动手练习 1-14】 数组条件运算

判断前 4 位同学的前 4 门课程是否及格，成绩大于 60（及格）置为 1，否则（不及格）置为 0。

```
>>>temp = score[:4, :4]
>>>np.where(temp > 60, 1, 0)
array([[1, 1, 1, 1],
       [1, 1, 1, 0],
       [1, 1, 1, 0],
       [0, 1, 0, 1]])
```

复合逻辑运算则需要结合 np.logical_and()函数和 np.logical_or()函数使用，例如判断前 4 名学生的前 4 门课程的成绩，成绩大于 60 且小于 90 置为 1，否则置为 0。

```
>>>np.where(np.logical_and(temp > 60, temp < 90), 1, 0)
array([[1, 0, 1, 1],
       [0, 1, 1, 0],
       [1, 0, 1, 0],
       [0, 1, 0, 1]])
```

1.3.3 离散差分函数和梯度函数

1. 离散差分（差值）函数 np.diff()

np.diff()函数的原型：np.diff(a, n=1,axis=1)，其作用是求矩阵数组中后一个元素减去前一个元素的差值。各个参数的说明如下。

- a：输入的矩阵数组。
- n：可选，代表要执行几次差值运算。默认是 1。
- axis：默认 axis=1，表示按列相减（后一列减前一列）；axis=0 时表示按行相减（后一行减前一行）。如此，每执行一次差值运算就比原有的列或行少一列或一行。

【例题 1-5】 求差分

```
>>>import numpy as np
>>>score=np.random.randint(46,100,(50,5))
>>>a=score[4:8,:]    #取一个 4 行 5 列的矩阵数组
>>> a
array([[97, 98, 78, 77, 95],
       [64, 70, 90, 98, 54],
       [99, 88, 68, 81, 91],
       [58, 59, 96, 91, 58]])
>>>np.diff(a)      #按列相减，进行一次差值运算
array([[  1, -20,  -1,  18],      #跨列相减，结果为 4 行 4 列（比原来少一列）
       [  6,  20,   8, -44],
       [-11, -20,  13,  10],
       [  1,  37,  -5, -33]])
>>>np.diff(a,axis=0)     #按行相减，进行一次差值运算
array([[-33, -28,  12,  21, -41],      #跨行相减，结果为 3 行 5 列（比原来少一行）
       [ 35,  18, -22, -17,  37],
       [-41, -29,  28,  10, -33]])
>>>np.diff(a,n=2,axis=0)    #按行相减，进行 2 次差值运算，就是对上一个结果再进行差值运算
array([[ 68,  46, -34, -38,  78],    #结果为 2 行 5 列（比原来少 2 行）
       [-76, -47,  50,  27, -70]])
```

定义的参数 n 大于 1 时，表示将进行多次差值运算，就是在上一次差值运算的矩

阵基础上再进行差值运算，直到 n 次为止。读者可以自行完成多次行差值操作。

2. 梯度函数 np.gradient()

np.gradient(f)：用于计算数组 f 中元素的梯度，当 f 为多维时，返回每个维度的梯度。返回的结果和原始数组大小相同。

梯度的计算过程：对于一维的数组，两个边界的元素直接用后一个值减去前一个值，得到梯度，即 b–a；对于中间的元素，取相邻两个元素差的一半，即(c–a)/2。

【例题 1-6】　求梯度

```
>>>score[0]        #得到一个一维数组
array([69, 96, 72, 68, 87])
>>>np.gradient(score[0])
array([ 27. ,  1.5,  -14. ,  7.5,  19. ])
```

对于二维数组：分别计算 2 个维度上的梯度，每个维度上的梯度和上面的一维数组梯度求法相同。对于二维数组，任意一个元素的梯度存在两个方向，所以求得的梯度为两个数组对象，第一个数组表示最外层维度的梯度值，第二个数组表示第二层维度的梯度值。即二维数组求梯度值的结果是包含两个 ndarray 数组的列表，第一个列表是按列（维度）求梯度获得，第二个列表是按行（维度）求梯度获得。不论按列还是按行求梯度，其方法与一维求梯度一致。

```
>>>score[:4,:4]
array([[69, 96, 72, 68],
       [97, 65, 78, 53],
       [83, 97, 66, 55],
       [55, 81, 58, 80]])

>>>np.gradient(score[:4,:4])        #返回一个列表，列表中有两个数组
[array([[ 28. , -31. ,   6. , -15. ],        #按列求梯度获得的数组
       [  7. ,   0.5,  -3. ,  -6.5],
       [-21. ,   8. , -10. ,  13.5],
       [-28. , -16. ,  -8. ,  25. ]]),

 array([[ 27. ,   1.5, -14. ,  -4. ],        #按行求梯度获得的数组
       [-32. ,  -9.5,  -6. , -25. ],
       [ 14. ,  -8.5, -21. , -11. ],
       [ 26. ,   1.5,  -0.5,  22. ]])]
```

对于 n 维数组，np.gradient()函数会生成 n 个数组，每个数组代表元素在第 n 个维度的梯度变化值。梯度反映了元素的变化率，尤其是在进行图像、声音等数据处理时，

梯度有助于我们发现图像和声音的边缘。

1.3.4 随机函数

1. np.random.rand()函数

np.random.rand()函数表示根据给定维度生成[0,1)的数据，包含 0，不包含 1。该函数的一般格式：np.random.rand(d0,d1,…,dn)。其中，dn 表示表格的每个维度。

该函数的返回值为指定维度的数组。

【动动手练习 1-15】 使用随机函数

```
np.random.rand()          #没有参数时，返回单个数据
0.49622070976935806

np.random.rand(4)        #shape: 4，生成一维数组
Out[20]: array([0.73473476, 0.91185891, 0.25690118, 0.15300424])

np.random.rand(4,2)    #shape: 4*2，生成二维数组
array([[0.22766791, 0.44004844],
       [0.77363055, 0.41738285],
       [0.4954431 , 0.94661826],
       [0.98884195, 0.66583906]])

np.random.rand(4,3,2)     #shape: 4*3*2，生成三维数组
array([[[0.13606573, 0.75197037],
        [0.10787889, 0.56756818],
        [0.05749478, 0.21269762]],

       [[0.16066188, 0.77395856],
        [0.21734109, 0.8403221 ],
        [0.15336456, 0.08972729]],

       [[0.48081287, 0.65475862],
        [0.8804478 , 0.56230535],
        [0.5931349 , 0.61528502]],

       [[0.3535239 , 0.76732365],
        [0.12317966, 0.6788728 ],
```

```
               [0.84390425, 0.0316394 ]]])
```

2．np.random.randn()函数

np.random.randn()函数表示返回一个或一组样本，其具有标准正态分布。该函数的一般格式：np.random.randn(d0, d1,…,dn)。其中，dn 表示表格的每个维度。

该函数返回值为指定维度的数组。

标准正态分布是以 0 为均值、以 1 为标准差的正态分布，记为 N(0,1)。

```
np.random.randn()        #没有参数时，返回单个数据
-1.1241580894939212
np.random.randn(3)
array([ 1.2128837 ,  1.13688113, -0.13342453])
np.random.randn(2,4)
array([[-1.61193815, -0.75167637,  0.72141234, -1.19118825],
       [-1.11790307,  0.11534838,  0.51955485, -2.15917405]])
```

随机生成的值基本是−3～+3，但这也不绝对，主要是结果满足标准差的正态分布。

3．np.random.randint()

np.random.randint()函数表示随机生成整数（或浮点数）数据。该函数的一般格式：np.random.randint(low, high=None, size=None, dtype='l')，取值范围为[low,high)，包含 low，不包含 high。各参数说明如下。

- low 为最小值，high 为最大值。
- size 为数组维度的大小。
- dtype 为数据类型，默认的数据类型是 np.int。

没有填写 high 时，默认生成随机数的范围是[0,low)。

```
np.random.randint(1,5)        #返回 1 个[1,5)的随机整数
4
np.random.randint(1,5,3)      #返回 3 个[1,5)随机整数的数组
array([1, 1, 3])
np.random.randint(-5,5,size=(2,2))      #返回一个二维数组
array([[ 2, -1],
       [ 2,  0]])
```

4．伪随机数生成器

在机器学习中，生成随机数通常使用伪随机数生成器 np.random. RandomState()，要想复现具备随机性的代码的最终结果，需要设置相同的种子值。

```
import numpy as np
```

```
rng = np.random.RandomState(0)    #设定随机种子值，此时设置为 0，也可以是任意整数
rng.rand(4)        #产生 4 个随机数，空括号则表示产生一个随机数
Out[377]: array([0.5488135 , 0.71518937, 0.60276338, 0.54488318])
rng = np.random.RandomState(0)     #随机种子数相同，结果相同
rng.rand(4)
Out[379]: array([0.5488135 , 0.71518937, 0.60276338, 0.54488318])
```

上面的代码生成了一样的随机数组。下面是另一种顺序的操作。

```
rng = np.random.RandomState(100)   #随机种子数为 100
rng.rand(4)
Out[35]: array([0.54340494, 0.27836939, 0.42451759, 0.84477613])
rng.rand(4)
Out[36]: array([0.00471886, 0.12156912, 0.67074908, 0.82585276])
rng = np.random.RandomState(100)
rng.rand(4)
Out[38]: array([0.54340494, 0.27836939, 0.42451759, 0.84477613])
rng.rand(4)
Out[39]: array([0.00471886, 0.12156912, 0.67074908, 0.82585276])
```

因为 np.random.RandomState()是伪随机数，所以必须在 rng 这个变量下使用，如果不这样做，那么就不能得到相同的随机数组。在使用 rng 这个变量前要先定义，定义之后生成随机数的结果才有顺序关系。

1.3.5 其他常用函数

其他常用函数还包括数学函数、统计函数等，见表 1-2。

表 1-2 其他常用函数

函数名称	格式	说明	例子
正弦函数	np.sin(x)	返回每个数组元素对应的正弦值	x = np.arange(0,100,10) np.sin(x)
余弦函数	np.cos(x)	返回每个数组元素对应的余弦值	np.cos(x)
四舍五入函数	np.round(x_obj[,n])	对参数 x 进行四舍五入，保留 n 位小数；无 n 则为 0 位小数	np.round(np.cos(x))#无小数 np.round(np.cos(x),2)#保留 2 位小数
上入整数	np.ceil(x)	计算各元素的 ceiling 值，即大于等于该值的最小整数，如 3.3->4	np.ceil(x/3)

续表

函数名称	格式	说明	例子
下入整数	np.floor(x)	计算各元素的 floor 值，即小于等于该值的最大整数，如 3.3->3	np.floor(x/3)
统计函数	np.amax(x_obj[, axis=0]) np.amin(x_obj[, axis=0])	计算数组中的元素沿指定轴的最大值/最小值；axis=0 表示按列求值，axis=1 表示按行求值，可分别简写为 0 或 1	d1=np.arange(1,10).reshape (3,3) np.amax(d1) np.amax(d1,axis=0) np.amax(d1,1)
符号函数	np.sign(x)	计算各元素的正负号：1（正数）、0（零）、−1（负数）	np.sign(12)#结果是 1 np.sign(-112)#结果是−1 np.sign(0)#结果是 0
对数函数	log(x);log10(x);log 2(x);log1p(x)	分别表示自然对数（底数为 e）、底数为 10 的 log、底数为 2 的 log、log(1+x)	np.log(2)
指数函数	np.exp(x)	计算各元素的指数（e^x）	np.exp(2)
平方函数	np.square(x)	计算各元素的平方	np.square(4)
平方根函数	np.sqrt(x)	计算各元素的平方根	np.sqrt(4)
四舍五入	np.rint(x)	将各元素四舍五入为最接近的整数，保留 dtype 数据类型	np.rint(1.485)
取小数和整数部分	np.modf(x)	将数组的小数和整数部分以两个独立数组的形式返回	np.modf([1.5,2.9]) array([0.5, 0.9]), array([1., 2.])

1.4　股价统计分析案例

本书以南方股票数据为依据进行 NumPy 数据分析，其基本要求如下。

- 从文件中读取数据。
- 将数据写入文件。
- 利用数学和统计分析函数实现统计分析应用。
- 掌握数组相关的常用函数。

1.4.1　读取南方股价数据文件

随书配有"000019−南方股价历史数据.csv"文件（读者也可以自行从相关网站下载南方股票历史的公开数据，以 utf-8 格式保存），将该文件复制到 d 盘的 data 目录下。该文件保存了 000019−南方股价历史数据，从 2001 年 8 月 27 日到 2020 年 3 月 10 日，共 4496 条记录。其数据结构如图 1-2 所示。

A	B	C	D	E	F	G	H	I	J	K	L	
日期	股票代码	名称	收盘价	最高价	最低价	开盘价	前收盘	涨跌额	涨跌幅	换手率	成交量	
2020/3/10	'000019	南方股份	1156	1168	1113	1113	1114.01	41.99	3.7693	0.4622	5806293	
2020/3/9	'000019	南方股份	1114.01	1135	1111.31	1135	1155.5	-41.49	-3.5907	0.3455	4340409	
2020/3/6	'000019	南方股份	1155.5	1176	1151.98	1163	1171	-15.5	-1.3237	0.2439	3064100	
2020/3/5	'000019	南方股份	1171	1174.99	1130.56	1136.31	1128.92	42.08	3.7275	0.4969	6242645	

图 1-2 000019-南方股价历史数据结构

此处对个别列进行简单说明,第 0 列(Excel 表格中的 A 列为第 0 列)为交易日期,第 3 列为收盘价,第 4 列为最高价,第 5 列为最低价,第 6 列为开盘价,以此类推,第 11 列为成交量,第 12 列为成交金额。其余列读者可自行查看、计算所在的列位置数。

【动动手练习 1-16】 读取股价数据文件的部分列并将其转换为 ndarray

将第 3 列"收盘价"和第 11 列"成交量"数据转换为 NumPy 数组 ndarray。实现程序代码如下。

```
#-*- coding: utf-8 -*-
import numpy as np
params = dict(        #定义一个字典参数
    fname = "d:\\data\\000019-南方股价历史数据.csv"
    delimiter = ','    #CSV 文件以逗号分隔
    usecols = (3,11)    #读第 3 列"收盘价"和第 11 列"成交量"数据
    unpack = True       #解包,按列读取
)
closePrice,volume = np.loadtxt(**params,skiprows=1,encoding='utf-8')    #两列
对应的数组
print(type(closePrice))
print('收盘价 ndarray 数组',closePrice)
print('成交量 ndarray 数组',volume)
```

我们知道,**params 是一个字典形式的关键字参数,是一个可变可伸缩的参数,因此,将"skiprows=1,encoding='utf-8'"放在 params 字典中也是一样的。

在上述代码中,np.loadtxt()函数需要传入 6 个关键字参数(后面还要传入更多的参数)。参数说明如下。

① fname 是文件名,数据类型为字符串。

② delimiter 是分隔符,数据类型为字符串。

③ usecols 是读取的列数,数据类型为元组。其中元素个数有多少个,就选出多少列。

④ unpack 数据类型为布尔型。如果是 True，会把读取的列当成一个向量输出，而不是合并在一起；默认为 False 时，会把读取的列合并为一个列表作为数组的元素，相当于读一行数组元素。

⑤ skiprows=1 表示跳过第一行，也可以跳过任意行（省略表示跳过 0 行）。第一行是标题，不是数值，应跳过，否则会出错，因为 ndarray 数组不能读入非数值型数据。

⑥ encoding 用于定义文本文件保存的格式。

将文件转换为数组的结果如下。

```
<class 'numpy.ndarray'>
收盘价ndarray 数组 [1156.     1114.01 1155.5  ···    36.38    36.86    35.55]
成交量ndarray 数组 [ 5806293.   4340409. 3064100. ··· 5325275. 12964779. 40631800.]
```

可以看到，收盘价和成交量分别是一个数组列表。将南方股价数据导入 ndarray 后，就可以使用 NumPy 的函数进行股价统计分析。

1.4.2　计算市盈率

股价的波动由两部分组成，即估值的波动（市盈率）和每股收益的波动。所以要赚钱，要么提升市盈率，要么提升每股收益。

市盈率反映了市场情绪的波动，一般在中位数附近波动，偶尔会出现明显偏离，可能在极高处，也可能在极低处。如果我们认为企业的盈利能力、竞争环境没有发生大的变化，那么我们在估值明显偏低的分位数入手，待估值明显超过正常范围再出售，就能享受市场波动的红利。因此，计算股价的平均值、中位数或分位数就是计算股价市盈率的一个必不可少的技术手段。

【动动手练习 1-17】　计算股票市盈率

```
import numpy as np
p = dict(
    fname = "d:\\data\\000019-南方股价历史数据.csv",
    delimiter = ',',
    usecols = 3,     #选择读取的列——收盘价
    unpack = True,
    encoding='utf-8',
    skiprows=1
)
closePrice= np.loadtxt(**p)
```

```
print("收盘价的平均价",np.mean(closePrice))

print("收盘价的中位数",np.median(closePrice))

print("收盘价的分位数",np.percentile(closePrice,(0,25,50,75,100)))
```

程序运行结果如下。

```
收盘价的平均价 238.17244233378557

收盘价的中位数 166.51

收盘价的分位数[   20.88   49.9625   166.51   237.5675   1233.75   ]
```

南方股价的中位数小于平均价，平均价与四分之三（75%）分位数接近。

1.4.3   计算成交额加权平均价格

成交量加权平均价格（VWAP）是一个非常重要的经济学量，代表金融资产的"平均"价格。某个价格的成交量越大，该价格所占的权重就越大。

成交额与成交量的关系：成交量×成交价格=成交额。在 A 股市场中，成交额指的是当日已经有效成交的股票金额总数，以人民币为计算单位。而成交量指的是当日已经有效成交的股票总手数，以股票的股数为计算单位。

000019-南方股价历史数据成交量加权平均价格以成交额为权重，比以成交量为权重更能说明该股票的金融属性。

【动动手练习 1-18】   计算股票成交量加权平均价格（分别以成交额和成交量为权重）

```
import numpy as np

params = dict(

    fname = "d:\\data\\000019-南方股价历史数据.csv",

    delimiter = ',',

    usecols = (3,11,12),      #读取第 3 列"收盘价"、第 11 列"成交量"和第 12 列"成交金
额"数据

    unpack = True,            #列解包

    skiprows=1,               #跳过第一行，即数据的标头部分

    encoding='utf-8'

)

#获得收盘价数组 closePrice、成交额数组

closePrice,成交量,成交额 = np.loadtxt(**params)      #计算收盘价的平均价格，即算术平均
值，无权重时，使用 np.mean()或 np.average()方法均可
```

```
print(f'收盘价的平均价格:{np.average(closePrice)}')
#计算成交量加权平均价格:以成交额数组为权重计算收盘价的加权平均值
print('成交量加权平均价格——以成交额为权重',np.average(closePrice,weights=成交额))
print('成交量加权平均价格——以成交量为权重',np.average(closePrice,weights=成交量))    #以成交量为权重
```

依据列读取 000019-南方股价历史数据的收盘价、成交量和成交额 3 个数组向量，计算收盘价的算术平均价格和成交量加权平均价格。成交量加权平均价格使用 np.average()方法，其权重分别以相应的成交额和成交量进行计算。

程序运行结果如下。

```
收盘价的平均价格:238.17244233378557
成交量加权平均价格——以成交额为权重 563.6558984553626
成交量加权平均价格——以成交量为权重 311.93411544562747
```

000019-南方股价历史数据的成交量加权平均价格高过平均价格很多，可以很容易看出南方股票具有很好的金融属性。南方股票高价位成交量也大，其金融资产的平均价格高。

请读者自行验证，np.mean(closePrice)和 closePrice.mean()的效果相同。closePrice 是 numpy.ndarray 对象。

1.4.4　计算股价的极值

股价的极值包括最高价、最低价及其极差。找出股价中最高价、最低价、收盘价的最高值、最低值及其极差，对分析历史数据具有很好的参考价值。

【动动手练习 1-19】　计算股价极值

收盘价、最高价、最低价分别位于 CSV 文件的第 3、4、5 列，所以 usecols=(3,4,5)，实现程序如下。

```
import numpy as np
p = dict(
    fname = "d:\\data\\000019-南方股价历史数据.csv",
    delimiter = ',',
    usecols = (3,4,5),    #选择读取的列
    unpack = True,
    encoding='utf-8',
```

```
        skiprows=1
)
closePrice,highPrice,lowPrice = np.loadtxt(**p)    #导入文件最高价和最低价列
print("收盘价的最高值为",np.max(closePrice),end=';  ')
print('收盘价的最低值为',np.min(closePrice))
#注意，我们使用了两种求最大、最小值及极差的方法
print("最高价的最高值为",highPrice.max(),end=';  ')
print("最高价的最低值为",highPrice.min())
print("最低价的最高值为",lowPrice.max(),end=';  ')
print("最低价的最低值为",lowPrice.min())
print("收盘价的极差为",np.ptp(closePrice),end=';  ')
print("最高价的极差为",highPrice.ptp(),end=';  ')
print("最低价的极差为",lowPrice.ptp())
```

程序运行结果如下。

```
收盘价的最高值为 1233.75;   收盘价的最低值为 20.88
最高价的最高值为 1241.61;   最高价的最低值为 21.0
最低价的最高值为 1228.06;   最低价的最低值为 20.71
收盘价的极差为 1212.87;    最高价的极差为 1220.61;   最低价的极差为 1207.35
```

1.4.5　计算股价的方差与标准差

【动动手练习 1-20】　计算南方股市收盘价的方差和标准差

```
import numpy as np
p = dict(
    fname = "d:\\data\\000019-南方股价历史数据.csv",
    delimiter = ',',
    usecols = 3,     #选择读取的列——收盘价
    unpack = True,
    encoding='utf-8',
    skiprows=1
)
closePrice= np.loadtxt(**p)
print("收盘价的方差 =",np.var(closePrice))
```

```
print("收盘价的标准差 =",closePrice.std())
```

运行结果如下。

收盘价的方差 = 67697.31816463654

收盘价的标准差 = 260.18708300881605

标准差被应用于投资上，可作为度量回报稳定性的指标。标准差数值越大，代表回报远离过去的平均值，回报较不稳定故风险越高。相反，标准差数值越小，代表回报较为稳定，风险亦越小。但标准差大小没有一个固定的比较依据，我们可以根据平均数相同的另一个数组比较标准差，标准差越小，数组离散越小。或者按时间节点划分阶段进行分析。

000019–南方股价历史数据的标准差是大还是小，回报稳定与否，要和另外几只与其平均价格相同或相似的股票进行比较才能得出结论。

1.4.6　计算股票收益率和波动率

1．股票收益率

股票某一价格（如收盘价）的分析常常是基于股票收益率的。股票收益率又可以分为简单收益率和对数收益率，它们都反映了股票相邻两个价格之间的变化情况。

- 简单收益率：指相邻两个价格之间的变化率。
- 对数收益率：指所有价格取对数后两两之间的差值。

简单收益率的计算：先通过 NumPy 中的 np.diff()函数返回一个由相邻数组元素的差值构成的数组，再将差值数组与原价格数组对应元素相除。不过需要注意的是，np.diff()函数返回的数组比收盘价数组少一个元素。

对数收益率的计算还要简单一些，先用 np.log()函数得到每一个收盘价的对数，再对结果使用 np.diff()函数即可。一般情况下，我们应该确保输入的数组不含有零和负数。零和负数无法取对数。

2．股票波动率

股票波动率代表的是股票价格变动幅度，股票价格涨跌幅度越大，价格走势来回拉锯程度越激烈，它的波动率就越大，反之越小。波动率可以用于度量股票的风险大小。波动率大的股票，其价格走势的不确定性很高，买入这只股票后，面临的有可能是大涨，也有可能是大跌，如很多小盘股、垃圾股的波动率往往很大。而波动率小的股票，其价格走势很稳，买入后面临的只是小涨小跌，盈亏都不会很大。

在投资学中，波动率是对价格变动的一种度量，历史波动率可以根据历史价格数据计算得出。计算历史波动率时，一般使用对数收益率。计算股票的历史波动率的方法如下。

① 从市场上获得标的股票在固定时间间隔（如每天、每周或每月等）上的价格。

② 对于每个时间段，求出该时间段末的股价与该时间段初的股价之比的自然对数。

③ 求出这些对数的标准差，再乘以一年中包含的时段数量的平方根（如选取时间间隔为每天，若扣除闭市，每年有 252 个交易日，应乘以根号 252），得到的即历史波动率。

年波动率的计算方法：首先，求出对数收益率（使用 np.diff() 函数计算段末股价与段初股价的对数差）；然后，用对数收益率的标准差（使用 np.std() 函数）除以对数收益率的平均值（使用 np.mean() 函数）；最后除以 252 个工作日的倒数（或不是倒数）的平方根（使用 np.sqrt() 函数）。月波动率等于对数收益率的标准差除以其均值，再乘以交易月倒数的平方根，通常交易月取 12 的倒数（1/12）。与年波动率的计算一样，交易月也有取 12，而不是 1/12 的，这根据个人的分析习惯而定。

3. 实现程序

```
#-*- coding:utf-8 -*-
import numpy as np
p = dict(
    fname = "d:\\data\\000019-南方股价历史数据.csv",
    delimiter = ',',
    usecols = 3,    #选择读取的列——收盘价
    unpack = True,
    encoding='utf-8',
    skiprows=1
)
closePrice= np.loadtxt(**p)
print(closePrice)
returns = np.diff(closePrice+1e-5) / (closePrice[:-1]+1e-5)
```

#计算每一个交易日的简单收益率；数字太大，会溢出，故将浮点数的精度改为 1e-5；[:-1] 表示数组中最后一个舍去，这样，其数组长度与 np.diff() 函数计算后的数组一样大

```
print('每个交易日的简单收益率:\n',returns)
print("收益率标准差: ",np.std(returns))
#计算对数收益率
logr = np.diff(np.log(closePrice+1e-5))
print('每个交易日的对数收益率:\n',logr)
```

```
#过滤正的收益率
print('简单收益率（正）',np.where(returns > 0))        #输出正数在数组中的索引位置，不
是数据本身
print('对数收益率（正）',np.where(logr > 0))              #输出正数在数组中的索引位置，不
是数据本身
w1=np.where(returns>0)       #输出正数在数组中的索引位置，不是数据本身
print('输出所有大于 0 的简单收益的具体数据：')
for i in w1:
    print(returns[i])
print('\n 输出所有大于 0 的对数收益的具体数据：')
for i in np.where(logr>0):
    print(logr[i])
#计算年、月股票波动率
lity = np.std(logr[np.where(logr>0)]) / np.mean(logr[np.where(logr>0)])
annual_volatility = lity / np.sqrt(1/252)       #取倒数，也可取 252
print("\n 年波动率：" ,annual_volatility)
print("月波动率：" ,annual_volatility * np.sqrt(1/12))#取倒数，也可取 12
```

程序运行结果如下。

每个交易日的简单收益率：

　[-0.03632353 0.03724383 0.01341411 ... -0.019407   0.01319406

　-0.03553987]

收益率标准差： 0.029166300289123592

每个交易日的对数收益率：

　[-0.03699965 0.03656703 0.01332493 ... -0.01959779 0.01310778

　-0.03618679]

简单收益率（正）(array([1,   2,   7, ..., 4416, 4417, 4419], dtype=int64),)

对数收益率（正）(array([1,   2,   7, ..., 4416, 4417, 4419], dtype=int64),)

输出所有大于 0 的简单收益的具体数据：

[0.03724383 0.01341411 0.02875118 ... 0.00054069 0.00243177 0.01319406];

输出所有大于 0 的对数收益的具体数据：

[0.03656703 0.01332493 0.02834562 ... 0.00054054 0.00242882 0.01310778];

年波动率： 25.082797600725552

月波动率： 7.240779973403898

程序解读如下。

① 简单收益率的计算：np.diff(closePrice+1e-5) / (closePrice[:-1]+1e-5)。

每个交易日的简单收益率是收盘价的差值与舍去原收盘价数组最后一列数组的比值，[:-1]表示舍去数组中的最后一列，这样，其数组长度与使用 np.diff()函数后的一样长。计算过程中数字太大，有时会溢出，因此将浮点数的精度改为 1e-5，计算对数收益率时也改变了浮点数的精度。

② 过滤正的收益率。

我们有时只对交易日的收益率为正值时感兴趣。我们可以用 np.where()函数，指定判断条件。在 NumPy 函数中，我们已经知道 np.where()函数会返回满足条件的数组元素的索引值。因此，我们可以遍历所有大于 0 的简单收益率和对数收益率数组，依据下标索引输出收益值。

③ 年、月股票波动率的计算。

股票波动率是对股票价格变动的一种衡量。计算年股票波动率时，可以取 252 的倒数，也可以取 252；计算月股票波动率时可以取 12 的倒数，也可以取 12。总之，计算股票波动率是将对数收益率的标准差除以其均值，再乘以交易日的平方根。本例仅在对数收益率是正数时计算了年、月股票波动率。

④ 一般来说，简单收益率和对数收益率相差不大，只是对数收益率计算较方便。也可以使用简单收益率计算年、月股票波动率。

1.4.7 求平均收盘价极值分别在星期几

依据南方股价历史交易数据编写程序：获取 2001 年 8 月 27 日到 2020 年 3 月 10 日，交易日周一、周二、周三、周四、周五分别对应的平均收盘价；求出平均收盘价最低、最高分别在星期几。

要实现这个程序，需要完成以下两个关键步骤。

第一步，将交易日期转换为对应的星期日期（星期几）。要知道是星期几，对应的数据必须是日期类型。但文件"000019-南方股价历史数据.csv"第一列"日期"是一个字符串类型，因此，首先要把字符串类型转换为日期类型，就需要导入 datetime 模块下具有相同名字的 datetime 类，该类有一个将字符串转换为日期类型的 datetime.datetime.strptime()方法。该方法可以把字符串转换为 datetime，但前提是需要有一个日期和时间的格式化字符串。

从日期数据获得对应的星期几，需要使用.weekday()方法，返回 0~6 的数字，分别对应星期一至星期天。实现方法如下。

```
import datetime
def dateStr2num(s):       #将字符串转换为日期，再将日期转为数字（星期几）
    s = s.decode("utf-8")   #解码
    return datetime.datetime.strptime(s, "%Y/%m/%d").weekday()
```

该函数可依据日期计算星期几。注意，datetime.datetime.strptime()方法中的"%Y/%m/%d"是依据 CSV 文件中的日期格式确定的。%Y 表示年份（以四位数来表示），%m 表示月份，%d 表示日期。一定要打开文件仔细分析日期格式，然后确定年、月、日的顺序关系，还要正确标识年、月、日之间的分隔符号。这里，文本中使用"/"分隔，但更多地使用"-"分隔。一定要和文本文件中的日期格式分隔一致，否则会出现"ValueError:"错误提示。

第二步，使用 np.loadtxt()方法读入文件时，因为 ndarray 数组只能是数值类型，所以要使用转换器（converters）参数将日期转换为星期几的对应数字。converters 参数对应一个字典，其键对应读入的列号，其值是相应的转换函数。字典可以有多个元素，即可以读入多个对应转换函数的列。

完整的程序代码如下。

```
#-*- coding:utf-8 -*-
import numpy as np
import datetime

def dateStr2num(s):                #将日期转成数字（星期几）
    #s = s.decode("utf-8")   #解码
    return datetime.datetime.strptime(s, "%Y/%m/%d").weekday()
params = dict(
    fname = "d:\\data\\000019-南方股价历史数据.csv",
    delimiter = ',',
    usecols = (0,3),      #读第 0 列和第 4 列数据，即日期列和收盘价列
    converters = {0:dateStr2num},     #使用转换器将第 0 列日期数据转换为数字
    unpack = True,
    encoding='utf-8'
)
date,closePrice = np.loadtxt(**params,skiprows=1)        #跳过第一行
average = []      #存放交易日对应星期日期的平均收盘价
for i in range(5):
```

```
    average.append(closePrice[date==i].mean())        #求星期一到星期五的平均收
盘价，并将其追加到列表中
    print("星期%d的平均收盘价:" %(i+1), average[i])        #i 的取值从 0 开始
    print("\n平均收盘价最低是星期%d" %(np.argmin(average)+1))
    print("平均收盘价最高是星期%d" %(np.argmax(average)+1))
```

np.argmin()方法表示最小值在数组中所在的位置，np.argmax()方法表示最大值在数组中所在的位置。交易日对应星期日期的平均收盘价的存放是按照星期一到星期五依次追加的，因此，按照这个索引位置加 1 就是星期几。

第 2 章　数据分析模块 pandas

本章主要介绍 Python 在处理数据与分析数据时必须使用的 DataFrame（数据框）技术，DataFrame 技术是由 pandas 数据包提供的。

2.1　pandas 基础

2.1.1　pandas 简介

pandas 是 Python 的一个数据分析包，最初由 AQR 资本管理公司于 2008 年 4 月开发，由专注于 Python 数据包开发的 PyData 开发团队继续开发和维护，属于 PyData 项目的一部分。pandas 最初作为金融数据分析工具而被开发出来，因此，pandas 为时间序列分析提供了很好的支持。pandas 的名称来自面板数据和 Python 数据分析。面板数据是经济学中关于多维数据集的一个术语，pandas 也提供了面板数据类型。

pandas 是基于 NumPy 的一种工具，因此调用 pandas 包必须预先安装 NumPy 软件包。pandas 是为了完成数据分析任务而创建的，纳入了大量库和标准的数据模型，提供了高效操作大型数据集所需的功能。

2.1.2　pandas 的数据结构

pandas 引入了 3 种数据结构——Series、DataFrame 和 Panel，这 3 种数据结构都建立在 NumPy 的基础上。

（1）Series：一维数据结构，与 NumPy 中的一维数组类似。二者与 Python 基本的数据结构——列表也很相近。其区别是，列表中的元素可以是不同的数据类型，而数组和 Series 则只允许存储相同的数据类型，这样可以更有效地使用内存，提高运算效率。

（2）DataFrame：二维的表格型数据结构，其很多功能与 R 语言中的 data.frame 类似。可以将 DataFrame 理解为 Series 的容器，即 DataFrame 的每一列均为一个 Series，每一列的类型是相同的。本章的内容主要以 DataFrame 为主。

（3）Panel：三维数据结构，可以被理解为 DataFrame 的容器。

另外，pandas 还有一种特殊的数据结构类型，即 Time Series（时间序列）：以时间为索引的 Series。这是为了方便对时间序列进行分析，由 Series 引申而来的数据类型，其实质还是一个 Series 一维数组。因此，我们也可以将时间序列归入 Series 一类。

2.1.3 pandas 的安装和导入

如果使用 Anaconda 安装的 Python IDE 开发环境，系统会自动安装 pandas 软件包。如果需要单独安装，可以使用以下命令。

```
pip install pandas
```

安装 pandas 前要先安装 NumPy，pandas 是基于 NumPy 数组构建的。二者最大的不同是，pandas 是专门为处理表格和混杂数据设计的，比较契合统计分析中的表结构，而 NumPy 更适合处理统一的数值数组数据。

pandas 的导入命令如下。

```
import pandas as pd
```

一般会将导入的 pandas 命名为 pd，这是使用 Python 的一般习惯，当然也可以将其命名为其他合适的名字或干脆不命名。

2.1.4 pandas 数据结构的运算操作

1. Series

Series 是一维数据结构，它由一组数据和一组与之相关的数据标签[索引(index)]组成。

【动动手练习 2-1】 Series 的创建与运算

```
#-*- coding:utf-8 -*-
import pandas as pd
#自动创建从 0 开始的非负整数索引
```

```
s1 = pd.Series(range(1, 20, 5))
#使用字典创建 Series，使用字典的"键"作为索引
s2 = pd.Series({'语文':90, '数学': 92, 'Python': 98, '物理':87, '化学': 92})
#使用 index 参数创建 Series
s3 = pd.Series((90, 92, 98, 87, 92),index=('语文', '数学', 'Python', '物理',
'化学'))
print(s1)
print(s2)
print(s3)
```

创建结果如下。

```
0              1
1              6
2              11
3              16
dtype: int64
语文             90
数学             92
Python         98
物理             87
化学             92
dtype: int64
语文             90
数学             92
Python         98
物理             87
化学             92
dtype: int64
```

显然，s1 的索引是[0,1,2,3]，s2 和 s3 的索引是['语文', '数学', 'Python', '物理', '化学']。
序列的表现形式：索引在左边，值在右边。如果不为数据指定索引，则会默认创建一
个 0～（n-1）的整型索引。

下面，在创建 3 个序列的基础上完成以下操作。

```
#修改指定索引对应的值
s1[3] = -17
```

```
print(s1)
```

结果会将 s1 序列中第 4 个位置对应的数值由 16 改为-17。下面比较 2 个序列。

```
#比较2个序列
print(s2==s3)
s2['语文'] = 94
print(s2==s3)
```

结果如下。

```
语文          True
数学          True
Python      True
物理          True
化学          True
dtype: bool
语文          False
数学           True
Python       True
物理           True
化学           True
dtype: bool
```

从结果可知，对 2 个序列的比较，是对相对位置元素数值的比较，得到了一个布尔值。这种比较可以使用任何合法的比较运算符，包括大于、大于等于、小于、小于等于、不等于。

```
#各种序列运算与函数的应用
print('s1原始数据'.ljust(20, '='))
print(s1)
print('对s1所有数据求绝对值'.ljust(20, '='))
print(abs(s1))
print('s1所有的值加5'.ljust(20, '='))
print(s1+5)
print('s1的每行索引前面加上数字2'.ljust(20, '='))
print(s1.add_prefix(2))
print('s2原始数据'.ljust(20, '='))
print(s2)
```

```
print('s2 的每行索引后面加上_张三'.ljust(20, '='))
print(s2.add_suffix('_张三'))
print('s2 最大值的索引'.ljust(20, '='))
print(s2.idxmax())
print('测试 s2 的值是否在指定区间内'.ljust(20, '='))
print(s2.between(90, 94, inclusive=True))
print('查看 s2 中分值在 90 分以上的数据'.ljust(20, '='))
print(s2[s2>90])
print('查看 s2 中分值大于中值的数据'.ljust(20, '='))
print(s2[s2>s2.median()])
print('s2 与数字之间的运算'.ljust(20, '='))
print(round((s2**0.5)*10, 1))
print('s2 的中值'.ljust(20, '='))
print(s2.median())
print('s2 中分值最小的 2 个值'.ljust(20, '='))
print(s2.nsmallest(2))
```

从以上代码，我们可以看到求序列中最小的几个数的方法。读者可自行查找，求序列中最大的几个数的方法。

2．DataFrame

DataFrame 是一个表格型的数据结构，其中的数据是以一个或多个二维块存放的，而不是列表、字典或其他一维数据结构。它含有一组有序的列，每列可以是不同的数据类型。DataFrame 既有行索引，也有列索引。

【动动手练习 2-2】　DataFrame 的创建与查看

（1）将原有字典转化为 DataFrame。

```
#-*- coding:utf-8 -*-
import pandas as pd
#模拟记录考试成绩，将人名字符串作为索引
df = pd.DataFrame({'语文':[87,79,67,92],
                   '数学':[93,89,80,77],
                   '英语':[90,80,70,75]},
                  index=['张三', '李四', '王五', '赵六'])

print(df)
```

创建结果如下。

	语文	数学	英语
张三	87	93	90
李四	79	89	80
王五	67	80	70
赵六	92	77	75

这个 DataFrame 有行索引（'张三', '李四', '王五', '赵六'）、列索引（'语文', '数学', '英语'），也有行、列位置序号（从 0 开始逐次加 1）。

如果在创建 DataFrame 的过程中，没有定义索引，则行索引默认是从 0 开始逐行加 1 的整数，与行位置编号相同。

（2）使用 ndarray 创建 DataFrame。

生成一个 13 行 3 列的数据，分别对应 3 种商品（'熟食', '化妆品', '日用品'）13 天的销售数据，这个数据集是一个 ndarray。

```
#-*- coding:utf-8 -*-
import pandas as pd
import numpy as np
#使用 ndarray 创建 DataFrame
n=np.random.randint(50, 150, (13, 3))
print(n.shape,type(n))
#生成一个 13 行 3 列的数据
#使用时间序列作为索引
df = pd.DataFrame(n,index=pd.date_range(start='202007010900',
                                        end='202007132100',
                                        freq='D'),
                columns=['熟食', '化妆品', '日用品'])
print(df)
```

上面的程序使用了 pd.date_range()函数，可以指定起始时间和终止时间，实现分年、月、日、时时隔 1 增加的分频。index 的长度要与 DataFrame 的行相等，columns 与 DataFrame 的列相等。

创建 DataFrame 的方法有很多，除了由字典、序列数组构建外，还可以由列表构建等。但数据分析一般是从文件或数据库获得数据创建 DataFrame。

3. Panel

Panel 是三维带标签的数组。实际上，pandas 就是由 Panel 演进而来的。

Panel 有以下 3 个标签。

（1）items：坐标轴 0，索引对应的元素是一个 DataFrame。

（2）major_axis：坐标轴 1，表示 DataFrame 中的行标签。

（3）minor_axis：坐标轴 2，表示 DataFrame 中的列标签。

新版的 pandas 库已经移除了数据结构 Panel，可以选择使用 Multindex 的 DataFrame 结构替代。

2.2　从文件读取数据构建 DataFrame

数据存在的形式多样，有文件（CSV、Excel、TXT）和数据库（MySQL、Access、SQL Server）等形式。这里仅仅介绍从文件读取数据构建 DataFrame。

从文件读取数据构建 DataFrame 的主要方法见表 2-1。

表 2-1　从文件读取数据构建 DataFrame 的主要方法

方法	说明
read_csv	从文件、URL、文件型对象中加载带分隔符的数据。默认分割符为逗号
read_table	从文件、URL、文件型对象中加载带分隔符的数据。默认分隔符为制表符（'\t'）。该方法与 read_csv 方法功能相同，两种方法可以变通使用
read_excel	从 Excel 文件加载数据

以上 3 个读取文件的方法均是 pandas 提供的方法。在进行以下练习前建议读者将本书提供的数据集中的文件复制到“d:\\tata”目录下。

2.2.1　读取 CSV 文件

表 2-1 所列的方法均是从文件读取数据构建 DataFrame 的方法，因此，其格式基本是相同或相似的，这里只以读取 CSV 文件为例加以介绍。

一般格式如下。

```
read_csv(filepath_or_buffer, sep=',', delimiter=None, header=0, names=None,
index_col=None, usecols=None, dtype=None, engine=None, converters=None,
skipinitialspace=False, skiprows=None, nrows=None, na_values=None, encoding=None)
```

事实上，pandas 对 CSV 文件提供了有力的支撑，参数有四五十个，这里只列出常用参数，说明如下。

① filepath_or_buffer：文件路径和文件名，是必填参数，表示文件的位置、URL、文件型对象的字符串。

② sep=','：指定分隔符，是字符串类型，默认使用',' 指定分隔符。如果不指定参数，则会尝试使用默认值逗号分隔。分隔符长于一个字符且不是"\s+"，将使用 Python 的语法分析器，并忽略数据中的逗号，如正则表达式：'\r\t'。

③ delimiter：默认值为 None，字符串是备选分割符（如果指定该参数，则 sep 参数失效）。

④ header：指定第几行作为列名（忽略注解行）。当 names=None 时，默认 header=0（第 0 行为列名）。若设置 header=n，则第 n 行作为列名，DataFrame 从 n+1 行的数据开始。

⑤ names：指定列名，默认 names=None 时第一行为列名。指定列名时需指定一个列表，如：names=['日期','名称','票房']。Names 参数要注意与 header=None 和 skiprows 参数配合使用。如果由 names 指定列名，则默认 header =None。header 和 names 相互影响默认值。

⑥ index_col：默认值为 None，用列名作为 DataFrame 的行标签索引。如 index_col = [1]，第二列为行标签索引，其中 index_col 等号后的列表可以是列位置下标，也可以是列名。该参数可以定义多个列为索引。

⑦ usecols：默认值为 None，读取全部列。可以使用列序列也可以使用列名（如[0, 1, 2]或['列名 1', '列名 2', '列名 3']）读取指定的列。使用这个参数可以提高加载速度并减少内存消耗。

⑧ dtype：用于指定每一列的数据类型，例如 dtype={'a': np.float64, 'b': np.int32}，a 和 b 表示列名。

⑨ engine：默认使用 C engine 作为 parser engine，而文件名含有中文时，用 C engine 在部分情况下就会出错。所以，路径和文件名有中文，在调用 read_csv()方法时要指定 engine='python'。

⑩ skiprows：默认值为 None，表示需要忽略的行数（从文件开始处算起），或需要跳过的行号列表（从 0 开始）。

⑪ nrows：定义从文件中读取多少行数据（从文件头开始算起）。

⑫ na_values：空值定义，默认情况下，"#N/A""#N/A N/A""#NA""-1.#IND""-1.#QNAN""-NaN""-nan""1.#IND""1.#QNAN""N/A""NA""NULL""NaN""n/a""nan""null"都表现为 NAN。

⑬ encoding：当读取的文件被保存为 UTF-8 格式时，默认汉字会乱码，因此，要设置 encoding='utf-8'；当读取的文件保存格式为 GBK 时，设置 encoding='gbk'。

1．文件中无表头或不使用默认表头

【**动动手练习 2-3**】　读取 CSV 文件创建 DataFrame

将 rz20.csv 数据文件、000019-南方股价部分数据.csv 和 000019-南方股价历史数据.csv 数据文件复制到 d 盘的 data 目录下。读取 CSV 文件创建 DataFrame 的代码如下。

```
#-*- coding:utf-8 -*-

import pandas as pd
```

#在执行下列语句前，先用记事本或 Excel 打开 rz20.csv 文件查看源文件的内容，该文件第一行默认为表头

```
df = pd.read_csv(r'd:\\data\\rz20.csv')    #默认 header=0

print(df)    #输出结果
'''
id    band    num        price        #第一行为列名称

0    1       130 联通    123          159

1    2       131        124          753

2    3       132        125          456

3    4       133 电信    126          852
'''
df = pd.read_csv(r'd:\\data\\rz20.csv',header=None)    #设置 header=None,增加列名称

print(df)     #输出结果
"""
0    1       2          3            #增加列名称

0    id      band       num          price

1    1       130 联通    123          159

2    2       131        124          753

3    3       132        125          456

4    4       133 电信    126          852
"""


df = pd.read_csv(r'd:\\data\\rz20.csv',names=['A1','A2','A3','A4','A5'],
sep=",",header=None)       #自己添加表头名称

print(df)
"""#注意查看，多出的列会被填充为 NaN

A1      A2      A3       A4    A5
```

```
0    id   band      num    price NaN

1    1    130 联通  123     159 NaN

2    2    131       124     753 NaN

3    3    132       125     456 NaN

4    4    133 电信  126     852 NaN
"""
#使用自制列名，取消源数据的第一行
df = pd.read_csv(r'd:\\data\\rz20.csv',names=['A1','A2','A3','A4','A5'],
header=None,skiprows=1)    #自己添加表头名称取代原有的标题
print(df.head())  #head()方法默认显示前 5 行，用户可以在 head(n)指定显示的具体行数 n
print(df.tail())  #默认显示后 5 行
```

读者可以删除源文件 rz20.csv 的第一行，以没有默认表头进行以上练习。

2．无默认文件表头（文件名或路径有中文）

读取 CSV 文件创建 DataFrame 的代码如下。

```
import pandas as pd
df = pd.read_csv('d:\\data\\000019-南方股价部分数据.csv',engine='python',
encoding='utf-8')    #文件名有中文，默认 header=0
print(df.head(3))
```

运行结果如下。

	日期	股票代码	名称	收盘价	最高价	最低价	开盘价
0	2020/3/10	'000019	南方股份	1156.00	1168.0	1113.00	1113.0
1	2020/3/9	'000019	南方股份	1114.01	1135.0	1111.31	1135.0
2	2020/3/6	'000019	南方股份	1155.50	1176.0	1151.98	1163.0

3．选取部分列

试读取 000019-南方股价历史数据.csv，并创建为 DataFrame。代码如下。

```
#-*- coding:utf-8 -*-
import pandas as pd
df=pd.read_csv(r'd:\\data\\000019-南方股价历史数据.csv',header=0,engine=
'python',encoding='utf-8',
usecols=['日期','收盘价','最高价','最低价','开盘价'])
#usecols 定义读取的列，也可以使用下标表示:usecols=[0,3,5,4,6]
print(df.tail(3))
```

运行结果如下。

	日期	收盘价	最高价	最低价	开盘价
4493	2001-08-29	36.38	37.00	36.10	36.98
4494	2001-08-28	36.86	37.00	34.61	34.99
4495	2001-08-27	35.55	37.78	32.85	34.51

2.2.2　读取 TXT 文件

读取 TXT 文件前需要确定 TXT 文件是否符合基本的格式，也就是是否存在由空格符、制表符或其他特殊符号组成的分隔符。只要符合能够由分隔符实现列分隔的基本格式要求，就可以通过 pd.read_csv()方法或 pd.read_table()方法读取，其参数与前述相同，只需注意分隔符 sep 的选取。pd.read_csv()用于将以 "," 分隔的文件读取到 DataFrame；pd.read_table()用于将以 "/t" 分隔的文件读取到 DataFrame。在实际使用中可以通过控制 sep 参数来读取任意文本文件。

【动动手练习 2-4】　读取 TXT 文件

将 rz20.txt 复制到 d 盘的 data 目录下，使用记事本打开该文件，查看其属性是否按分号分隔。该文件无默认表头，将其编码保存为 "ANSI" 方式。读取 TXT 文件创建 DataFrame 的代码如下。

```
#-*- coding:utf-8 -*-
import pandas as pd
df = pd.read_table('d:\\data\\rz20.txt',
names=['YHM','DLSJ','TCSJ','YWXT','IP','REMARK'],sep=";",encoding='gbk')
#显示所有列
pd.set_option('display.max_columns', None)
print(df)
```

运行结果如下。

```
    YHM        DLSJ                  TCSJ  YWXT          IP            \
0   S1411023   2014-11-04 08:45:06   NaN   1.225790e+17  183.184.226.205
1   S1402048   2014-11-04 08:46:39   NaN   NaN           221.205.98.55
2   20031509   2014-11-04 08:47:41   NaN   NaN           222.31.51.200
3   S1405010   2014-11-04 08:49:03   NaN   1.225790e+17  120.207.64.3


    REMARK
```

```
0   单点登录研究生系统成功！
1       用户名或密码错误。
2    统一身份用户登录成功！
3   单点登录研究生系统成功！
```

无法在一行显示所有属性时，系统会自动使用"\"分行显示。

2.2.3 读取 Excel 文件中的数据

读取 Excel 文件中的数据，一般格式如下。

```
read_excel(io, sheet_name=0, header=0, skiprows=None, skip_footer=0, index_
col=None, names=None, parse_cols=None, parse_dates=False, date_parser=None, na_
values=None, thousands=None, convert_float=True, has_index_names=None, converters
=None, true_values=None, false_values=None, engine=None, squeeze=False, **kwds)
```

主要参数说明如下。

① 参数 io 用于指定要读取的 Excel 文件，可以是字符串形式的文件路径、URL 或文件对象。

② 参数 sheet_name 用于指定要读取的 Worksheet，可以是表示 Worksheet 序号的整数或表示 Worksheet 名字的字符串。如果要同时读取多个 Worksheet，可以使用形如 [0,1,'sheet3'] 的列表；如果指定该参数为 None，则表示读取所有 Worksheet 并返回包含多个 DataFrame 结构的字典。该参数默认为 0（表示读取第一个 Worksheet 中的数据）。

③ 参数 header 用于指定 Worksheet 中表示表头或列名的行索引。header 的默认值为 0，表示文件的第一行作为列名；取 1 则表示丢弃第一行，第二行为列名；如果没有作为表头的行，则必须指定 header=None。

④ 参数 skiprows 用于指定要跳过的由行索引组成的列表。

⑤ 参数 index_col 用于指定作为 DataFrame 索引的列下标，该参数可以是包含若干列下标的列表。

⑥ 参数 names 用于指定读取数据后使用的列名。

⑦ 参数 thousands 用于指定文本被转换为数字时的千分符，如果 Excel 文件中有以文本形式存储的数字，可以使用该参数。

⑧ 参数 na_values 用于指定哪些值被解释为缺失值。

对于常用格式 read_excel(file,sheetname,header=0)而言，常用的参数有以下 3 个。

① file：文件路径及文件名。

② sheetname：sheet 的名字，如 sheet1。

③ header：列名，默认值为 0，表示文件的第一行作为列名。

【动动手练习 2-5】　读取 Excel 文件并创建 DataFrame

```
#-*- coding:utf-8 -*-
import pandas as pd
df = pd.read_excel('d:\\data\\rz20.xlsx',sheetname='Sheet1',header=0)
print(df)
```

读取的'Sheet1'是 Worksheet 的第一张表，也可以将参数定义为 sheetname=0。
运行结果如下。

```
     No    math    physical   Chinese
0    1     76      85         78
1    2     85      56         87
2    3     76      95         85
3    4     59      75         58
4    5     87      52         68
```

注意，有时 DataFrame 中的行列数量太多，打印出来会显示不完全，出现省略现象。这时，可通过 pd.set_option()函数解决此类问题，方法如下。

```
#显示所有列
pd.set_option('display.max_columns', None)
#显示所有行
pd.set_option('display.max_rows', None)
#显示宽度默认为50，设置value的显示长度为100
pd.set_option('max_colwidth',100)
```

2.2.4　将 DataFrame 保存为 CSV 文件

将 DataFrame 保存为 CSV 文件，一般格式如下。

```
df.to_csv(path_or_buf=None, sep=', ', na_rep='', float_format=None, columns=
None, header=True, index=True, index_label=None, mode='w', encoding=None,
compression=None, quoting=None, quotechar='"',line_terminator='\n', chunksize=
None, tupleize_cols=None, date_format=None, doublequote=True,  escapechar=None,
 decimal='.')
```

其中，主要参数说明如下。

① path_or_buf：文件路径，如果没有指定则直接返回字符串的 json。

② sep：用于输出文件的属性分隔符，默认为 ","。

③ na_rep：用于替换空数据的字符串，默认为"。

④ float_format：用于设置浮点数的格式（几位小数点）。

⑤ columns：要保存的列。

⑥ header：是否保存列名。默认为 True，表示保存列名。

⑦ index：是否保存索引，默认为 True，表示保存索引。

⑧ index_label：索引的列标签名。

【动动手练习 2-6】 将 DataFrame 保存为 CSV 文件

```
#-*- coding:utf-8 -*-
#import numpy as np
import pandas as pd


list_l = [[11, 12, 13, 14, 15], [21, 22, 23, 24, 25], [31, 32, 33, 34, 35]]
date_range = pd.date_range(start="20210701", periods=3)    #生成 3 个日期
df = pd.DataFrame(list_l, index=date_range,                 #日期列表为行索引
            columns=['a', 'b', 'c', 'd', 'e'])              #定义列名（列索引）
print(df)
```

运行结果如下。

```
            a   b   c   d   e
2021-07-01  11  12  13  14  15
2021-07-02  21  22  23  24  25
2021-07-03  31  32  33  34  35
```

将 DataFrame 保存为文件的形式，代码如下。

```
df.to_csv("d:\\data\\tzzs_data.csv")
```

利用记事本打开 tzzs_data.csv 文件，如图 2-1 所示。

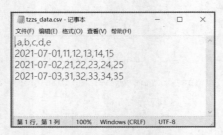

图 2-1 未定义行索引列名的保存结果

由图 2-1 可以看到 DataFrame 的行索引列没有列名，如果希望行索引列也能有列名，需要设置 index_label 参数，代码如下。

```
df.to_csv("d:\\data\\tzzs_data2.csv", index_label="日期")
```

打开 tzzs_data2.csv 文件，结果如图 2-2 所示。

图 2-2　定义行索引列名后的保存结果

事实上，我们通过 df.to_csv()方法不仅可以将 DataFrame 数据保存为 CSV 文件，还可以将 pymysql 模块获取的 SQL 结果保存为 CSV 文件。

2.3　DataFrame 的访问与删除

2.3.1　访问方式

DataFrame 的访问既可以通过行列标签（又称行列索引）实现，也可以通过 DataFrame 的行列位置标签（又称为位置索引或下标）实现。

DataFrame 的行列位置是固定的，均从 0 开始依次排列。如果有 n 行记录，则行位置标签（行下标）就是 0～(n-1)；有 m 列，则列位置标签（即列下标）就是 0～(m-1)。

如果没有定义行标签索引，则其行索引与行位置标签（即行下标）相同；同理，列亦然。DataFrame 的访问方式见表 2-2。

表 2-2　DataFrame 的访问方式

访问位置	方法	备注
访问列	变量名[列名]	访问对应的列，访问多列时要套用列表：变量名[[列名 1,列名 2…]]
访问行	变量名[n:m]	访问 n～(m-1)行的数据

续表

访问位置	方法	备注
访问行和列（即访问一个区域）	选取索引为"a"的行：df.loc[:,'a']； 选取索引为"a"或"b"或"c"的行：df.loc[:,['a','b','c']]； 选取从"a"到"d"的所有行（包括"d"行）：df.loc[:,'a':'d']； 选取所有 age 大于 30 的行：df[df['age']>30].loc[:,:]； 输出所有人的姓名和年龄（选取 name 和 age 列）：df.loc[:, 'name':'age']	df.loc[]方法只能使用标签索引，不能使用整数位置索引（又称下标）。通过标签索引进行筛选时，区间取值范围为前闭后闭
访问行和列（区域访问）	变量名.iloc[n1:n2,m1:m2]	访问 $n1 \sim (n2-1)$ 行，$m1 \sim (m2-1)$ 列的数据，参数为下标（整数索引）

从表 2-2 可以发现，在 DataFrame 的区域访问中，df.iloc[]方法是通过行列位置标签实现访问的；而 df.loc[]方法是通过行列索引名称实现访问的。当有列名、无行索引定义时，行位置索引就是行索引，亦可使用 df.loc[]方法。

注意，DataFrame 的访问方法后面均是中括号[]，不是圆括号()。

只要能够访问就可以修改行列值（重新赋值），只要让访问等于新的值就可以重新赋值。

2.3.2 行列的删除

1．列的删除
删除列的一般格式：

```
df.drop([列名 1，列名 2,…],axis=1)
```

或

```
df.drop(columns= [列名 1，列名 2,…])
```

2．行删除
删除行的一般格式：

```
df.drop([行索引名 1,行索引名 2,…])#默认 axis=0
```

或

```
df.drop(index= [行索引名 1,行索引名 2,…])
```

使用 pd.date_range()函数生成的 DatetimeIndex 类型的行索引，依据行索引删除行时，不能直接使用索引字符串，而应该使用时间戳格式删除。如应该使用 df.drop(pd.Timestamp('2021-07-02'), axis=0)，而使用 df.drop(2021-07-02', axis=0)会找不到索引标签。

删除满足一定条件的行，如找到"a"列值为 21 的所有行数据并删除这些行记录，语句为 df.drop(df[df['a']==21].index)。

删除是返回删除后的结果，原 DataFrame 并没有发生改变。如果要删除原 DataFrame，可使其等于删除后的结果。语句如下。

```
df=df.drop(['列名'],axis=1)
```

3．直接删除列

直接删除列的格式如下。

```
del df[列名]
```

该语句只能删除一列，不能删除行。

2.3.3　DataFrame 的访问实例

以前面的 tzzs_data2.csv 文件为数据源，访问 DataFrame。

【动动手练习 2-7】　访问 DataFrame

```
#-*- coding:utf-8 -*-
import pandas as pd
df=pd.read_csv('d:\\data\\tzzs_data2.csv')        #提前将 tzzs_data2.csv 复制到该目录下
print(df)
print(type(df))
colum=df['日期']     #获取某一列的数值
print(colum)
print(type(colum))
print(df[['a','b','d']])     #获取某几列的数值
print(df[1:3])                  #获取某几行的数值
print('iloc 方法\n',df.iloc[0:1,0:2])    #获取第 0～1（不含）行与第 0～2（不含）列的交叉值
print('at 方法\n',df.at[0,'e'])          #获取第 0 行与 name 列的交叉值
print('loc 方法\n',df.loc[:2,['a','c']])            #没有单独定义行索引，故与行位置相同
print('根据行索引删除\n',df.drop(1, axis=0))        #axis=0 表示行轴，也可以省略
print('根据列名删除\n',df.drop('a', axis=1))        #axis=1 表示列轴，不可省略
#第二种删除列的方法
del df['a']        #直接删除列
print(df)          #发现已经没有 a 列数据
#增加列
```

```
df['f'] = [2, 4,8]     #增加的内容必须与 DataFrame 的记录数相等
print(df)
```

以上程序对 DataFrame 的访问进行了详细的分析，包括获取某一列、某几列的数值，获取某几行的数值，查看形成列数据后的数据类型，获取交叉值，使用索引名和索引位置的 df.iloc[]方法和 df.loc[]方法，删除、增加列。

2.4 时间类型数据的转换与处理

2.4.1 使用 pd.to_datetime()方法

欲将 DataFrame 的某一列字符串转换为时间类型，需要使用 pd.to_ datetime()方法，语法格式如下。

```
pd.to_datetime(arg,errors='raise',dayfirst=False, yearfirst=False, utc=None,
format=None, exact=True, unit=None)
```

其常用参数说明如下。

① arg：要转换的列。

② errors：参数为 raise 时，表示传入数据格式不符合要求会报错；参数为 ignore 时，表示忽略报错返回原数据；参数为 coerce 时，则用 NaT 时间空值代替。特别提醒，在 pandas 的其他函数中也可以定义 errors 参数，遇到错误跳出时，我们可以随时设置该参数进行调试。

③ dayfirst：设置为 True，表示传入数据的格式为"月−日−年"，如"030820"数据格式为 2020-03-08。

④ yearfirst：设置为 True，表示传入数据的前两位数为年份，如"030820" 数据格式为 2003-08-20。

⑤ format：自定义输出格式，如"%Y-%m-%d"。

⑥ unit：可以为['D', 'h' ,'m', 'ms' ,'s', 'ns']（只能取一个值）分别表示输出精确到天、小时、分、毫分、秒、纳秒的数据。例如，unit='D'则表示输出到天，其他时分秒均为 0。

【动动手练习 2-8】 读取数据文件将字段转换为时间类型

```
#-*- coding:utf-8 -*-
import pandas as pd
df=pd.read_csv(r'd:\\data\\000019- 南 方 股 价 历 史 数 据 .csv',header=0,engine=
```

```
'python', sep=',',encoding='utf-8',
    usecols=['日期','收盘价','最高价','最低价','开盘价', '前收盘', '涨跌额','涨跌幅','
换手率', '成交量', '成交金额', '总市值', '流通市值'])
    #usecols 用于定义读取的列，也可以使用下标表示
df['转换后日期']=pd.to_datetime(df['日期'])      #将列的字符串类型转换为时间类型
f= df['转换后日期']
print(f.head())
print('列数组类型: ',type(f))
print('列数值类型: ',type(f[0]))
```

运行结果如下。

```
0    2020-03-10
1    2020-03-09
2    2020-03-06
3    2020-03-05
4    2020-03-04
Name: 转换后日期, dtype: datetime64[ns]
列数组类型:  <class 'pandas.core.series.Series'>
列数值类型:  <class 'pandas._libs.tslibs.timestamps.Timestamp'>
```

注意比较两种类型的形式，一个是 Series（序列）类型，一个是 Timestamp（时间）类型。

2.4.2　提取年月日、时分秒、季节、星期

1．提取年月日
以南方股价读取日期转换为例，提取年月日，代码如下。

```
print(f'{f[0]} 提取年月日: {f[0].year}年{f[0].month}月{f[0].day}日')
```

运行结果如下。

```
2020-03-10 00:00:00 提取年月日: 2020 年 3 月 10 日
```

2．提取时分秒
提取时分秒的代码如下。

```
print(f'{f[0]} 提取时分秒: {f[0].hour}时{f[0].minute}分{f[0].second}秒')
```

运行结果如下。

```
2020-03-10 00:00:00 提取时分秒: 0 时 0 分 0 秒
```

3. 提取季节、星期

提取季节、星期的代码如下。

```
print(f'{f[0]} : 第{f[0].quarter}季,数字表示星期(0是星期一):{f[0].dayofweek}')
```

运行结果如下。

```
2020-03-10 00:00:00 : 第1季,数字表示星期(0是星期一):1
```

这里星期是从 0 开始的，0 为星期一，1 为星期二，以此类推。

2.4.3 批量处理 Datetime 数据

1. 使用列表推导式提取星期并进行统计

结合【动动手练习 2-8】，使用列表推导式提取星期并进行统计，代码如下。

```
list_t=pd.Series([i.dayofweek for i in f])
list_t=list_t.replace({0:'星期一',1:'星期二',2:'星期三',3:'星期四',4:'星期五'})
print('每星期开盘日统计')
print(list_t.value_counts())
```

遍历所有开盘日期，提取星期数字，形成一个 pandas 序列，这样的序列有替换函数，列表没有替换函数。对该序列使用值统计函数（value_counts()）计算出现的次数。

2. 直接使用函数实现 Datetime 数据的批量处理

使用 Datetime 序列的 dt 属性能够获得星期几的英文名称，然后可以对星期几的英文名称统计次数，代码如下。

```
print(f.dt.weekday_name.value_counts())     #weekday_name返回星期几的英文名称
```

以上两种方法，其输出结果的功能都一样，均为星期几出现的次数统计，结果如下。

```
Wednesday    894    #星期三
Tuesday      891    #星期二
Thursday     888    #星期四
Friday       881    #星期五
Monday       868    #星期一
Name: 转换后日期, dtype: int64
```

要想将星期几的英文名称转换为中文名称，可以采用列表推导式的方法。不能直接将 f.dt.weekday_name.value_counts()函数中序列的结果替换为中文名称,因为当前的英文名称是序列的索引，而序列索引只能被重新定义不能被替换。

Datetime 序列的 dt 属性除了有 dt.weekday_name 外，还有以下属性。

- Series.dt.date：输出年月日形式的数据。

- Series.dt.time：输出时分秒形式的数据。

- Series.dt.year：输出年。

- Series.dt.month：输出月。

- Series.dt.day：输出日。

- Series.dt.hour：输出时。

- Series.dt.minute：输出分。

- Series.dt.second：输出秒。

- Series.dt.week：输出周顺序排位。

- Series.dt.weekday：输出星期几（0～6）。

2.5　数据的清洗

数据分析的第一步是提高数据质量。数据的清洗就是处理缺失数据以及清除无意义的信息。数据的清洗是数据价值链中最关键的步骤。

2.5.1　查找所有存在缺失值的行

要找出 DataFrame 中所有存在缺失值的行，可以先使用 df.isnull()函数判断各属性是不是缺失值的逻辑值（False 或 True），再将其转置，对转置后的列使用 any()函数进行判断。一般格式如下。

```
df[df.isnull().T.any()]
```

any()函数用于判断给定的可迭代参数 iterable（对应 DataFrame 的列，不是行记录）是否全部为 False，如果全部为 False 则返回 False，如果有一个为 True 则返回 True。T 为转置。

除了 0、空、False，其他元素都是 True。

【动动手练习 2-9】　从电影票房数据中查找所有存在缺失值的行

假设有存放电影票房数据的文件 film.csv，有 3 个属性（字段），依次为放映时间、电影名称、票房收入。查找所有存在缺失值的行，代码如下。

```
#-*- coding:utf-8 -*-
import pandas as pd
```

```
film=pd.read_csv(r'd:\\data\\film.csv',names=['放映时间','电影名称','票房收入'])
#print(film)
print(film.isnull().T)
print(film[film.isnull().T.any()])
```

运行结果如下。

	0	1	2	3	...	77	78	79	80
放映时间	False	False	False	False	...	False	False	False	False
电影名称	False	False	False	False	...	False	False	False	False
票房收入	False	False	False	True	...	False	False	False	False

```
[3 rows x 81 columns]
```

	放映时间	电影名称	票房收入
3	2010-05-23	剑雨	NaN
9	2010-05-16	老男孩	NaN
11	2010-05-16	让子弹飞	NaN
12	2010-05-16	让子弹飞	NaN
14	2010-05-16	X战警：天启	NaN
20	2010-05-16	让子弹飞	NaN
22	2010-05-16	让子弹飞	NaN
27	2010-05-16	老男孩	NaN
30	2010-05-23	剑雨	NaN
39	2010-05-09	唐山大地震	NaN
45	2010-05-16	老男孩	NaN
54	2010-05-09	唐山大地震	NaN
55	2010-05-23	剑雨	NaN
56	2010-05-16	让子弹飞	NaN
58	2010-05-23	剑雨	NaN
64	2010-05-16	老男孩	NaN
66	2010-05-16	X战警：天启	NaN
67	2010-05-16	X战警：天启	NaN
69	2010-05-16	老男孩	NaN
75	2010-05-09	唐山大地震	NaN

2.5.2　删除缺失值

处理缺失数据的方式有数据补齐、删除对应行、不处理等。

DataFrame 使用 d.dropna()方法去除值为空的数据行。

d.dropna()方法用于找到 DataFrame 类型数据的空值（缺失值），将空值所在的行/列删除后，将新的 DataFrame 作为返回值。

一般形式如下。

```
d.dropna(axis=0, how='any', thresh=None, subset=None, inplace=False)
```

参数说明如下。

① axis：轴。0 或"index"，表示按行删除；1 或"columns"，表示按列删除。

② how：筛选方式。"any"表示该行/列只要有一个以上空值，就删除该行/列；"all"表示该行/列全部为空值，就删除该行/列。

③ thresh：非空元素数量的最小值，属于整型，默认为 None。如果在该行/列中，非空元素数量小于这个值，就删除该行/列。

④ subset：子集，是列表（元素为行或者列的索引）。如果 axis=0 或者"index"，subset 中的元素为列的索引；如果 axis=1 或者"column"，subset 中的元素为行的索引。由 subset 限制的子区域，是判断是否删除该行/列的条件判断区域。

⑤ inplace：是否原地替换，是布尔值，默认为 False。如果为 True，则在原 DataFrame 上进行操作，返回值为 None。

【动动手练习 2-10】　自己创建一个 DataFrame

```
#-*- coding:utf-8 -*-
import numpy as np
import pandas as pd
a = np.ones((5, 4))          #生成一个 5 行 4 列全为 1 的矩阵数组
for i in range(len(a)):
    a[i, :i] = np.nan        #生成缺失值（空值），将其填充到 a 矩阵对角线的右下部
d = pd.DataFrame(a)          #将矩阵数组转换为 DataFrame
print(d)
```

运行结果如下。

```
     0    1    2    3
0  1.0  1.0  1.0  1.0
1  NaN  1.0  1.0  1.0
```

```
2   NaN   NaN   1.0   1.0
3   NaN   NaN   NaN   1.0
4   NaN   NaN   NaN   NaN
```

（1）按行删除：存在空值，则删除该行。代码如下。

```
print(d.dropna(axis=0, how='any'))
```

定义 axis=0 则按行删除，how='any'即只要该行有缺失值就删除。返回结果如下。

```
    0    1    2    3
0  1.0  1.0  1.0  1.0
```

运行结果的 1～4 行均有 NaN，所以就剩下了一条记录。

（2）按行删除：若某行的所有数据都为空值，则删除该行。代码如下。

```
print(d.dropna(axis=0, how='all'))
```

运行结果如下。

```
    0    1    2    3
0  1.0  1.0  1.0  1.0
1  NaN  1.0  1.0  1.0
2  NaN  NaN  1.0  1.0
3  NaN  NaN  NaN  1.0
```

（3）按列删除：该列非空元素小于 3 个，则删除该列。代码如下。

```
print(d.dropna(axis='columns', thresh=3))
```

axis='columns'或 axis=1 表示按列删除，thresh=3 表示该列非空元素小于 3 个则删除。运行结果如下。

```
    2    3
0  1.0  1.0
1  1.0  1.0
2  1.0  1.0
3  NaN  1.0
4  NaN  NaN
```

（4）设置子集：对特定的行进行缺失值删除处理。

删除第 0、2 列都为空的行，代码如下。

```
print(d.dropna(axis='index', how='all', subset=[0,2]))#删除满足列条件的行
```

运行结果如下。

```
    0    1    2    3
```

```
0  1.0  1.0  1.0  1.0
1  NaN  1.0  1.0  1.0
2  NaN  NaN  1.0  1.0
```

删除第 1、2 行存在空值的列，代码如下。

```
print(d.dropna(axis=1, how='any', subset=[1,2]))      #删除满足行条件的列
```

运行结果如下。

```
      2      3
0   1.0   1.0
1   1.0   1.0
2   1.0   1.0
3   NaN   1.0
4   NaN   NaN
```

（5）默认删除，代码如下。

```
print(d.dropna())
```

运行结果如下。

```
    0    1    2    3
0  1.0  1.0  1.0  1.0
```

该程序代码与 print(d.dropna(axis=0,how='any'))等价。

（6）原地修改，代码如下。

```
print(d.dropna(axis=0, how='any', inplace=True))
print("==============================")
print(d)
```

运行结果如下。

```
None
==============================
    0    1    2    3
0  1.0  1.0  1.0  1.0
```

2.5.3　填充缺失值

填充缺失值的一般格式如下。

```
df.fillna(value=None, method=None, axis=None, inplace=False, limit=None,
```

```
downcast=None, **kwargs)
```

以上代码用于使用指定的方法填充 NA/NaN，常用参数说明如下。

① value：变量。该参数用于填充缺失值（例如 0），或者指定每个索引（对于序列）或列（对于 DataFrame）使用哪个字典/序列/DataFrame 的值。不在字典/序列/DataFrame 中的值不会被填充。

② method：可以是 "backfill" "bfill" "pad" "ffill" "None"，默认值为 None。在序列中使用 "backfill" "bfill" 向前填充，使用 "pad" "ffill" 向后填充。

③ axis：0 或 "index" 表示按行填充，1 或 "columns" 表示按列填充，默认按行填充。

④ inplace：布尔值，默认值 False。如果为 True，则在原地填充。

【动动手练习 2-11】 读取一个文件将其创建为 DataFrame

```
#-*- coding:utf-8 -*-
from pandas import read_excel
df = read_excel('d:\\data\\rz2_0.xlsx')
print(df)
```

运行结果如下。

	编号	数学	物理	语文
0	1	76.0	85	78.0
1	2	85.0	56	NaN
2	3	76.0	95	85.0
3	4	NaN	75	58.0
4	5	87.0	52	68.0
5	6	NaN	77	99.0

这是一个显示各门课程成绩的表格，有编号、数学、物理、语文及其对应成绩，最前面一列是 DataFrame 的索引标记。运行结果有 3 个缺失值。

（1）使用固定值 60.0 填充，代码如下。

```
print(df.fillna(60.0))
```

输出结果如下。

	编号	数学	物理	语文
0	1	76.0	85.0	78.0
1	2	85.0	56.0	60.0
2	3	76.0	95.0	85.0
3	4	60.0	75.0	58.0
4	5	87.0	52.0	68.0

```
5    6        60.0     77.0      99.0
```

查看结果，3 个缺失值均变为 60.0。

（2）使用 method 方法填充，代码如下。

```
df.fillna(method='bfill')        #用后一个数据值替代缺失值
```

运行结果如下。

	编号	数学	物理	语文	
0	1	76.0	85.0	78.0	
1	2	85.0	56.0	85.0	#填充语文缺失值后的结果
2	3	76.0	95.0	85.0	
3	4	87.0	75.0	58.0	#填充数学缺失值后的结果
4	5	87.0	52.0	68.0	
5	6	NaN	77.0	99.0	

使用 method='bfill'方法，用同一列的后一个值填充缺失值，数学的最后一个缺失值无法填充，还是缺失值。使用 method='pad'方法时，用同一列的前一个值填充缺失值，第一行有缺失值是无法填充的。这是默认 axis=0 按行填充的情况。当 axis=1 按列填充时，就是用同一行的前后列值填充缺失值。

（3）使用行或列的平均值填充缺失值。

计算平均值的代码如下。

```
print(df.mean())
print(type(df.mean()))
```

运行结果如下。

```
编号     3.500000
数学     81.000000
物理     73.333333
语文     77.600000
dtype: float64

<class 'pandas.core.series.Series'>
```

将序列索引对应的平均值填充到 DataFrame 的缺失值，代码如下。

```
print(df.fillna(df.mean()))
```

运行后，所有缺失值均会被填充为平均值。

还可以选择部分序列索引进行填充，代码如下。

```
print(df.fillna(df.mean()['数学':'物理']))
```

运行结果如下。

	编号	数学	物理	语文
0	1	76.0	85.0	78.0
1	2	85.0	56.0	NaN
2	3	76.0	95.0	85.0
3	4	81.0	75.0	58.0
4	5	87.0	52.0	68.0
5	6	81.0	77.0	99.0

从运行结果可以看出，语文对应的缺失值没有被填充。

2.5.4 重复值的处理

pandas 用于判断和删除重复记录值的方法有 df.duplicated()和 df.drop_duplicates()。

1. 判断是否有重复记录值

判断是否有重复记录值的一般格式如下。

```
df.duplicated(subset=None, keep='first')
```

以上代码通过指定列数据的重复项，返回指定列的重复行。

参数说明如下。

① subset：列名，是可选项，默认为 None（全部列）。如果是单列，则直接写列名；如果是多列，则要使用列表。

② keep：可以是"first""last""False"，默认值是"first"。

- first：将第一次出现的重复值标记为 True，可返回第一次出现的重复值。
- last：将最后一次出现的重复值标记为 True，可返回最后一次出现的重复值。
- False：将所有重复项标记为 True，可返回所有重复项。

【动动手练习 2-12】　查看重复值

```
#-*- coding:utf-8 -*-
import pandas as pd
df= pd.read_csv(r'd:\\data\\film.csv',names=['日期','名称','票房'])
print(df.duplicated().head())
```

运行结果如下。

```
0    False
1    False
2    False
```

```
3      False

4      False
```

由 df.duplicated()方法获得的逻辑值序列为 DataFrame 的定位访问结果，据此就可以得到所有重复值，代码如下。

```
print(df[df.duplicated()])        #默认 keep='first'，返回第一次出现的重复值
```

返回重复项（第一次出现的记录），运行结果如下。

	日期	名称	票房
12	2010-05-16	让子弹飞	NaN
13	2010-05-16	X 战警：天启	102063.0
20	2010-05-16	让子弹飞	NaN
21	2010-05-09	唐山大地震	51876.0
22	2010-05-16	让子弹飞	NaN
23	2010-05-09	唐山大地震	51876.0
24	2010-05-16	让子弹飞	106652.0
27	2010-05-16	老男孩	NaN
30	2010-05-23	剑雨	NaN
33	2010-05-09	唐山大地震	51621.0
42	2010-05-23	剑雨	2246.0
43	2010-05-16	X 战警：天启	101761.0
44	2010-05-16	让子弹飞	105397.0
45	2010-05-16	老男孩	NaN
49	2010-05-16	X 战警：天启	102063.0
53	2010-05-16	老男孩	1599.0
54	2010-05-09	唐山大地震	NaN
55	2010-05-23	剑雨	NaN
56	2010-05-16	让子弹飞	NaN
58	2010-05-23	剑雨	NaN
61	2010-05-09	唐山大地震	51927.0
64	2010-05-16	老男孩	NaN
65	2010-05-16	让子弹飞	106652.0
66	2010-05-16	X 战警：天启	NaN
67	2010-05-16	X 战警：天启	NaN
69	2010-05-16	老男孩	NaN

75	2010-05-09	唐山大地震	NaN
77	2010-05-23	老男孩	1595.0

通过 df.duplicated()方法查看有无重复行，虽然操作方便，但显示的结果还是按原来行索引的顺序排列，有哪些行是重复的（特别是当 keep=False 显示全部重复行时），看起来不方便。这就要对重复行按值排序，代码如下。

```
print(df[df.duplicated(keep=False)].sort_values(['日期','名称','票房']).head())
```

sort_values()方法的参数是重复值的列名。因为此处 df.duplicated()方法没有指定 subset，所以全部内容都相同才是重复行。返回前 5 条数据的结果如下。

	日期	名称	票房
17	2010-05-09	唐山大地震	51621.0
33	2010-05-09	唐山大地震	51621.0
5	2010-05-09	唐山大地震	51876.0
21	2010-05-09	唐山大地震	51876.0
23	2010-05-09	唐山大地震	51876.0

2．获得一列中所有不重复的值

获得一列中所有不重复的值，一般格式如下。

```
dataframe['xxx'].unique()
```

unique()方法以数组形式返回列的所有唯一值（特征的所有唯一值）。代码如下。

```
print(df['日期'].unique())
```

```
print(df['名称'].unique())
```

运行结果如下。

```
[' 2010-05-09' ' 2010-05-16' ' 2010-05-23' ' 2010-05-13']
```

```
['唐山大地震' '老男孩' '剑雨' 'X 战警：天启' '让子弹飞']
```

unique()方法只能对一列进行操作，用于找到一列中的不同值。

3．删除重复的行数据

df.drop_duplicates()方法用于把重复的行数据去除（保留其中的一行）。

根据数据的不同情况及处理数据的不同需求，我们通常会把删除重复的行数据分为两种情况，一种是删除完全重复的行数据，另一种是通过设置 subset 删除某几列重复的行数据。

（1）删除完全重复的行数据，一般格式如下。

```
df.drop_duplicates(inplace=True)
```

删除重复行的代码如下。

```
#-*- coding:utf-8 -*-
import pandas as pd
df= pd.read_csv(r'd:\\data\\film.csv',names=['日期','名称','票房'])
print('原有行数',len(df))
df.drop_duplicates(inplace=True)
print('删除重复行后的行数',len(df))
```

运行结果如下。

```
原有行数 81
删除重复行后的行数 53
```

（2）去除某几列重复的行数据，一般格式如下。

```
df.drop_duplicates(subset=['列名1','列名2',…],keep='first',inplace=True)
```

其中，inplace 是布尔值，默认为 False，表示是直接在原数据上删除重复项还是删除重复项后返回副本。inplace=True 表示直接在原来的 DataFrame 上删除重复项，而默认值 False 表示删除重复项后返回副本。

删除日期和名称两个重复行的代码如下。

```
#-*- coding:utf-8 -*-
import pandas as pd
df= pd.read_csv(r'd:\\data\\film.csv',names=['日期','名称','票房'])
print('原有行数',len(df))
df.drop_duplicates(subset=['日期','名称'],inplace=True)
print('删除日期和名称两个重复行后的行数',len(df))
print(df)
```

运行结果如下。

```
原有行数 81
删除日期和名称两个重复行后的行数 10
      日期          名称          票房
0   2010-05-09    唐山大地震      51315.0
1   2010-05-16    老男孩        1599.0
2   2010-05-23    剑雨         2224.0
4   2010-05-23    老男孩        1605.0
6   2010-05-16    X战警：天启    102063.0
11  2010-05-16    让子弹飞      NaN
29  2010-05-23    让子弹飞      106024.0
35  2010-05-23    X战警：天启    101260.0
```

| 79 | 2010-05-13 | X 战警：天启 | 100959.0 |
| 80 | 2010-05-09 | 让子弹飞 | 10652.0 |

从上面可以看到，删除重复行后原有的行索引并没有改变，要重新索引形成新的索引号。

2.5.5　设置与重置索引

在数据分析过程中，有时为了增强数据可读性，我们需要对数据表的索引值进行设定。在 pandas 中，常用 df.set_index()、df.reset_index() 和 df.reindex() 这 3 个函数设置索引。

1.　使用 df.set_index() 方法设置索引

（1）使用 df.set_index() 方法设置索引的一般格式如下。

```
df.set_index(keys, drop=True, append=False, inplace=False)
```

参数说明如下。

① keys：指定列标签/数组列表，表示需要设置为索引的列。

② drop：默认为 True，表示删除用作新索引的列。

③ append：用于判断是否将列附加到现有索引，默认为 False。

④ inplace：是布尔值，表示当前操作是否对原数据生效，默认为 False。

（2）实例说明。首先创建一个实验数据表，代码如下。

```python
#-*- coding:utf-8 -*-
import pandas as pd
import numpy as np
df = pd.DataFrame({'国家':['中国','中国', '印度', '印度', '美国', '日本', '中国',
'印度'],
                  '收入':[10000, 10000, 5000, 5002, 40000, 50000, 8000, 5000],
                  '年龄':[50, 43, 34, 40, 25, 25, 45, 32]})
print(df)
```

运行结果如下。

	国家	收入	年龄
0	中国	10000	50
1	中国	10000	43
2	印度	5000	34
3	印度	5002	40
4	美国	40000	25

5	日本	50000	25
6	中国	8000	45
7	印度	5000	32

我们尝试将"国家"这一列作为索引，代码如下。

```
df_new = df.set_index('国家',drop=True, append=False, inplace=False)
print(df_new)
```

当 drop=True 时，作为索引的 "国家"列将不会出现；当 append=False 时，新索引为定义的列（国家）；inplace=False 表示没有原地删除。重置索引后的结果如下。

国家	收入	年龄
中国	10000	50
中国	10000	43
印度	5000	34
印度	5002	40
美国	40000	25
日本	50000	25
中国	8000	45
印度	5000	32

可以看到，上面的代码指定了 drop=True，也就是删除用作新索引的列。下面尝试令 drop=False，代码如下。

```
df_new = df.set_index('国家',drop=False, append=False, inplace=False)
print(df_new)
```

drop=False 时的运行结果如下。

国家	国家	收入	年龄
中国	中国	10000	50
中国	中国	10000	43
印度	印度	5000	34
印度	印度	5002	40
美国	美国	40000	25
日本	日本	50000	25
中国	中国	8000	45
印度	印度	5000	32

很明显，国家既是索引列，也是内容列。从结果中可以看出作为索引的一列数据仍然被保留下来了。

下面令 append=True，代码如下。

```
df.set_index('国家',drop=False, append=True, inplace=True)#重置索引
print(df)
```

append=True 时的运行结果如下。

```
     国家      国家      收入      年龄
0   中国      中国      10000   50
1   中国      中国      10000   43
2   印度      印度      5000    34
3   印度      印度      5002    40
4   美国      美国      40000   25
5   日本      日本      50000   25
6   中国      中国      8000    45
7   印度      印度      5000    32
```

可以看到，原来的索引和新索引组合后一起被保留下来了。

2．使用 df.reset_index()方法重置索引

（1）使用 df.reset_index()方法重置索引的一般格式如下。

```
df.reset_index( drop=False, inplace=False)
```

参数说明如下。

① drop：当指定 drop=False 时，索引列会被还原为普通列；否则设置后的新索引值会被丢弃。默认为 False。

② inplace：是布尔值，表示当前操作是否对原数据生效，默认为 False。

使用 df.reset_index()方法重置可分为两种类型：第一种是对原来的数据表进行重置；第二种是对使用过 df.set_index()方法的数据表进行重置。

（2）实例说明。

先创建一个实验数据表，代码如下。

```
#-*- coding:utf-8 -*-
import pandas as pd
import numpy as np
df = pd.DataFrame({'国家':['中国','中国', '印度', '印度', '美国', '日本', '中国', '印度'],
                   '收入':[10000, 10000, 5000, 5002, 40000, 50000, 8000, 5000],
                   '年龄':[50, 43, 34, 40, 25, 25, 45, 32]})
```

① 对原来的数据表进行重置，代码如下。

```
df_new1 = df.reset_index()
```

```
print(df_new1)
```

默认 drop=False 时，索引列会被还原为普通列，运行结果如下。

	index	国家	收入	年龄
0	0	中国	10000	50
1	1	中国	10000	43
2	2	印度	5000	34
3	3	印度	5002	40
4	4	美国	40000	25
5	5	日本	50000	25
6	6	中国	8000	45
7	7	印度	5000	32

可以看到，此时数据表在原来索引不变的基础上，添加了列名为 index 的新列，同时在新列上重置索引。

反之，当 drop=True 时，索引列 index 会被丢弃。这个在进行数据删减处理时能派上很大的用场。例如前面删除重复项后，就应该使用 df.reset_index()方法进行索引重置，这是最简单的索引重置方法。

② 对使用过 df.set_index()方法的数据表进行重置，代码如下。

```
df_new = df.set_index('国家',drop=True, append=False, inplace=False)
df_new1 = df_new.reset_index(drop=True)        #此时会删除原来的索引列
print(df_new1)
```

当 drop=True 时，会删除原来的索引列，运行结果如下。

	收入	年龄
0	10000	50
1	10000	43
2	5000	34
3	5002	40
4	40000	25
5	50000	25
6	8000	45
7	5000	32

设置 drop=False，重置索引，代码如下。

```
df_new = df.set_index('国家',drop=True, append=False, inplace=False)
df_new1 = df_new.reset_index(drop=False)          #此时会保留原来的索引列
```

```
print(df_new1)
```

运行结果如下。

```
     国家    收入    年龄
0    中国    10000   50
1    中国    10000   43
2    印度    5000    34
3    印度    5002    40
4    美国    40000   25
5    日本    50000   25
6    中国    8000    45
7    印度    5000    32
```

3. 使用 df.reindex()方法重新定义索引

df.reindex()方法用于重新定义索引，如果定义的索引没有匹配的数据，默认将填充缺失值。而索引可以分为行索引与列索引，所以 df.reindex()方法可以用于修改行索引和列索引。重新定义索引的代码如下。

```
df.reindex(range(1,len(df)+1))        #定义从 1 开始计数的行索引
print(df)
```

运行结果如下。

```
     国家    收入    年龄
1    中国    10000   50
2    中国    10000   43
3    印度    5000    34
4    印度    5002    40
5    美国    40000   25
6    日本    50000   25
7    中国    8000    45
8    印度    5000    32
```

2.6   数据的整理

2.6.1   列内容的模糊筛选

我们在工作中会频繁使用筛选功能，DataFrame 访问方式的 df.loc[]和 df.iloc[]是

常用的筛选方法，主要用于筛选一个或几个区域的数据；如果查找的某列符合多个条件，要用到 isin()方法，如 df[df['列名'].isin([list])]，就是将符合列表中列内容的行筛选出来。我们使用最多的筛选是字符串的模糊筛选，在 SQL 语句中用的是 like，在 pandas 中可以用 str.contains()函数实现。

str.contains()函数是 Series.str 的函数，DataFrame 的列就是一个序列。

【动动手练习 2-13】 对列内容模糊筛选

```
s1 = pd.Series(['Mouse', 'dog', 'house and parrot', '23', np.NaN])
print(s1.str.contains('og'))
```

运行结果如下，也是一个序列。

```
0       False
1       True
2       False
3       False
4       NaN
dtype: object
```

函数的返回值是布尔值，'og'所在位置索引 1 输出的是 True。也可以使用"|"进行多个条件的筛选，代码如下。

```
print(s1.str.contains('og|2'))
```

注意，"|"是在引号内的，而不是将两个字符串分别引起来。运行结果如下。

```
0       False
1       True
2       False
3       True
4       NaN
dtype: object
```

显然，'23'所在的位置索引 3 输出的是 True。

其实 str 的作用是将序列转换为类似 Strings 的结构，然后就可以用 str.contains()函数了。

如果要显示筛选结果，那么当返回的条件结果有NaN时，直接使用s1[s1.str.contains('M')]，会返回"ValueError: cannot index with vector containing NA / NaN values"错误提示。解决办法是，先使用 s1.dropna()函数删除空值，再对无空值的序列进行筛选操作即可。

2.6.2　列数据的转换

我们知道，DataFrame 的一个列就是一个序列。astype() 函数是序列的函数，可以对一个序列进行数据类型的转换。与 astype() 函数配合使用的还有一个序列的数据类型查看方法 dtype（后面没有括号）。

【动动手练习 2-14】　列数据的转换

```
#-*- coding:utf-8 -*-
import pandas as pd
df=pd.read_csv(r'd:\\data\\000019-南方股价历史数据.csv',header=0,engine=
'python',sep=',',encoding='utf-8',
usecols=['日期','收盘价'])      #usecols用于定义读取的列，也可以使用下标表示
print(df['收盘价'].dtype)        #此时，df['收盘价']就是一个序列
```

此时可以得到 df['收盘价'] 序列的数据类型：float64。

将 df['收盘价'] 序列的数据类型转换为整型，代码如下。

```
df['收盘价']=df['收盘价'].astype(int)
print(df['收盘价'].dtype)
```

此时序列的数据类型变成 int32。

将 df['收盘价'] 序列的数据类型转换为字符串，代码如下。

```
df['收盘价']=df['收盘价'].astype(str)
print(df['收盘价'].dtype)
```

此时序列的数据类型变成对象。

注意，字符串一般不可以直接转换为整型，应先转换为浮点数，再由浮点数转换为整型。如果字符串的形式均符合整型要求，也可以直接从字符串转换为整型。

2.6.3　数据的处理

对 DataFrame 对象中的某些行或列，或者对 DataFrame 对象中的所有元素进行某种运算或操作时，我们可以使用直接而简单的函数：map()、apply() 和 applymap()。

1．map() 函数

Python 中的 map() 函数是对指定的序列进行映射。例如，对两个列表相同位置的列表数据进行相加，程序如下。

```
list(map(lambda x, y: x + y, [1, 3, 5, 7, 9], [2, 4, 6, 8, 10]))
```

输出结果如下。

```
[3, 7, 11, 15, 19]
```

序列中也有 map()函数，用于对 DataFrame 的某一列进行处理。map()是一个序列的函数，DataFrame 结构中没有 map()函数。map()函数将一个自定义函数应用于序列结构中的每个元素。

【动动手练习 2-15】 使用 map()函数

```
import pandas as pd
import numpy as np
df=pd.DataFrame(np.array([['张三','男'],['李四','女'],['王五','男']]),
columns=['姓名','性别'],index=['001','002','003'])      #构建一个DataFrame
print(df)
```

运行结果如下。

```
     姓名    性别
001  张三    男
002  李四    女
003  王五    男
```

现在需要将性别转换成 0 和 1，女性为 0，男性为 1，这时就不需要写循环了，map()函数可以轻松实现，代码如下。

```
df.性别=df.性别.map({'男':1,'女':0})
print(df)
```

map()函数可接收字典或调用的函数对象返回，运行结果如下。

```
     姓名    性别
001  张三    1
002  李四    0
003  王五    1
```

df.性别.map({'男':1,'女':0})的运行结果是序列返回，性别列并没有发生改变，如果要替换原来的数据，把返回结果写入该列即可。

不论是利用字典还是函数进行映射，map()函数都是把对应的数据逐个当作参数传入字典或函数中，得到映射后的值。

2．apply()函数

apply()函数主要用于对 DataFrame 中的某列（column 或 axis＝0）或某行（row 或 axis＝1）中的元素执行相同的函数操作（如求和、求平均及其他自定义函数等）。apply()函数属于 DataFrame 的函数。

【动动手练习 2-16】 使用 apply()函数

（1）构建 DataFrame，代码如下。

```
#-*- coding:utf-8 -*-
import pandas as pd
import numpy as np
#构建一个 DataFrame
df=pd.DataFrame(np.array([['张三','男',186,80,33],['李四','女',165,57,35],['王五
','男',166,71,30]]),columns=['姓名','性别','身高','体重','年龄'],index=
['001','002','003'])
    df.身高=df['身高'].astype(int)
    #"df.身高"和"df['身高']"这两种表示方式是等价的，均是指一列
    df.体重=df['体重'].astype(int)
    df.年龄=df['年龄'].astype(int)
    print(df)
```

运行结果如下。

	姓名	性别	身高	体重	年龄
001	张三	男	186	80	33
002	李四	女	165	57	35
003	王五	男	166	71	30

（2）沿着 0 轴（对列）进行求和操作，代码如下。

```
s1=df[["身高","体重","年龄"]].apply(np.sum, axis=0)
print(s1)
```

当沿着 0 轴进行求和操作时，程序会将各列默认以序列的形式传入指定的操作函数中，操作后合并并返回相应的结果。代码如下。

```
身高        517
体重        208
年龄        98
dtype: int64
```

返回的是一个序列，其中，['身高', '体重', '年龄']是该结果序列的索引。

（3）截取列字符串（选取某一列的一部分），从姓名中选择姓氏，代码如下。

```
df["姓名"].apply(lambda x:x[:1])
001    张
002    李
```

```
003      王
Name:  姓名, dtype: object
```

【动动手练习 2-17】　沿着 1 轴（对行）求 BMI

根据身高和体重的数据文件 hw.csv，我们可以计算每个人的 BMI（体重指数）。BMI 的计算公式：BMI=体重/身高的平方（国际单位 kg/m^2）。因为需要对每个样本进行操作，所以使用 axis=1 的 apply() 函数进行操作，代码如下。

```
#-*- coding:utf-8 -*-
import pandas as pd


def BMI(series):#计算BMI
    weight = series["体重"]
    height = series["身高"]/100
    BMI = weight/height**2
    return BMI


df=pd.read_csv('d:\\data\\hw.csv',encoding='utf-8')
#df["体重"]=df["体重"].astype(int)
#df["身高"]=df["身高"].astype(int)
df["BMI"] = df.apply(BMI,axis=1)
print(df.head())
```

前 5 行数据的结果如下。

	性别	年龄	身高	体重	BMI
0	男	21	163	60	22.582709
1	男	22	164	56	20.820940
2	男	21	165	60	22.038567
3	男	23	168	55	19.486961
4	男	21	169	60	21.007668

成年人 BMI 的正常值在 18.5～23.9。如果 BMI 低于 18.5，表示体重过轻；BMI 达到 24～27 表示体重过重；BMI 在 28～32 属于肥胖；如果 BMI 超过 32，就是非常肥胖的情况。显然前 5 个人均在正常范围内。

3. applymap() 函数

applymap() 函数的用法比较简单，用于对 DataFrame 中的每个单元格执行指定操作，虽然用途不如 apply() 函数广泛，但在某些场合下还是比较有用的。

【动动手练习 2-18】 将身高、体重数据都保留两位小数

```
#-*- coding:utf-8 -*-
import pandas as pd
import numpy as np
df=pd.DataFrame(np.array([['张 三 ',' 男 ',186.7856,80.3245,35],['李 四 ',' 女
',165.9654, 57.1234,33],['王五','男',166.7765,71.8853,30]]),columns=['姓名','性别
','身高','体重','年龄'])
df["体重"]=df["体重"].astype(float)
df["身高"]=df["身高"].astype(float)
print(df[["身高","体重"]].applymap(lambda x:"%.2f" % x))
```

运行结果如下。

```
     身高      体重
0   186.79   80.32
1   165.97   57.12
2   166.78   71.89
```

applymap()函数返回的结果是一个 DataFrame。而 apply()函数是对 DataFrame 中的一个序列进行操作，返回的结果也是一个序列。

小结：apply()函数和 applymap()函数是 DataFrame 结构中的函数。它们的区别在于，apply()函数作用于 DataFrame 中的每行或者每列，而 applymap()函数作用于 DataFrame 中的所有元素。

2.7　数据的分析统计

2.7.1　数据的描述性分析

使用 df.describe()函数对 DataFrame 数据进行描述性分析，可以查看各列的计数、均值、最大值、最小值等，功能强大。其在数据挖掘中的意义是，观察这一系列数据的范围、大小、波动趋势等，有利于判断后续对数据构建哪类模型。

函数语法如下。

```
df.describe(percentiles=None, include=None, exclude=None)
```

参数说明如下。

① percentiles：用于设定数值型特征的统计量，默认是[.25, .5, .75]，也就是返回位于 25%、50%、75%位置的数值，分别对应下四分位数（四分之一值）、中位数、上四分位数（四分之三值）。这个参数是可选项，可以由用户自行修改。

② include：默认只计算数值型特征的统计量，输入 include=['O']，会计算离散型变量的统计特征。该参数是可选项。

③ exclude：与第二个参数相反，就是指定不选哪些。该参数是可选项。

对于数值数据，函数的输出结果包括以下索引。

- 计数。
- 均值。
- 标准差。
- 最小值。
- 较低的百分位数（默认为 25%）。
- 中位数（默认为 50%，1/2 百分位数与中位数相同）。
- 较高的百分位数（默认为 75%）。
- 最大值。

对数据进行的描述性分析，不包括 NaN。观察函数的输出结果，可以总结数据集分布的中心趋势、分散程度和形状。

【动动手练习 2-19】　对鸢尾花数据集进行描述性分析

```
#-*- coding:utf-8 -*-
import pandas as pd
df=pd.read_csv(r'd:\\data\\鸢尾花数据集.csv',engine='python',encoding='gbk')
#print (df.describe())                       #将编号列作为数据列进行分析并输出
#print(df.describe().iloc[:,1:])             #限制编号列分析数据的输出
df_describe=df.iloc[:,1:].describe()         #与上面语句的限制效果相同
print(df_describe)
```

描述性分析结果如下。

	花萼长度_cm	花萼宽度_cm	花瓣长度_cm	花瓣宽度_cm
count	150.000000	150.000000	150.000000	150.000000
mean	5.843333	3.054000	3.758667	1.198667
std	0.828066	0.433594	1.764420	0.763161
min	4.300000	2.000000	1.000000	0.100000
25%	5.100000	2.800000	1.600000	0.300000
50%	5.800000	3.000000	4.350000	1.300000

75%	6.400000	3.300000	5.100000	1.800000
max	7.900000	4.400000	6.900000	2.500000

从结果可以看出，花萼长度_cm、花萼宽度_cm、花瓣长度_cm 和花瓣宽度_cm 分别对应的数据量个数（count）、平均值（mean）、标准差（std）、最小值（min）、四分之一值（25%）、中位数（50%）、四分之三值（75%）和最大值（max）。比较标准差，可以看出各特征数据的离散程度：花瓣长度_cm>花萼长度_cm>花瓣宽度_cm>花萼宽度_cm，说明花萼宽度_cm 的数据比较集中，花瓣长度_cm 的数据比较分散。

df_describe.loc[]的结果是一个 DataFrame，因此可以使用该访问方式获得想要的值。例如获得花萼长度_cm 的中位数，代码如下。

```
print(df_describe.loc['50%','花萼长度_cm'])
```

结果是 5.80。

获得各列的中位数，代码如下。

```
print(df_describe.loc['50%',:])
```

结果如下。

```
花萼长度_cm    5.80
花萼宽度_cm    3.00
花瓣长度_cm    4.35
花瓣宽度_cm    1.30
Name: 50%, dtype: float64
```

2.7.2　数据的分组分析

分组分析是指根据分组属性将分析对象划分成不同的部分，以对比分析各组之间的差异性。

pandas 包的分组分析函数是 df.groupby()，主要用于在某一个值有多个分组数据时，对每一个 key 进行相同的运算。

常用形式如下。

```
df.groupby(by=['key1','key2',···],as_index=False)['被统计的列'].聚合函数
```

参数说明如下。

① by：用于分组的列。

② as_index=False：表示 by 部分的列不是作为 index 索引项，而是作为列输出。默认是索引。

常用的统计指标及函数有计数 count()（或 size()）、求和 sum()、求平均值 mean()、求最大值 max()、求最小值 min()等。

需要明确的是，对 DataFrame 对象调用 df.groupby()函数，返回的结果是一个 DataFrameGroupBy 对象，而不是一个 DataFrame 或者序列对象。所以 DataFrame 或序列中的一些方法或者函数是无法被直接调用的，需要按照 DataFrameGroupBy 对象中的函数和方法进行调用。

【动动手练习 2-20】　数据的分组分析练习

（1）读入超市营业额数据，代码如下。

```
#-*- coding:utf-8 -*-
import pandas as pd
df = pd.read_excel('d:\\data\\超市营业额.xlsx')
print(df.head())
```

查看数据结构，运行结果如下（仅显示前 5 行）。

```
    工号   姓名  日期          时段         交易额    柜台
0   1001  张三  2019-03-01   9: 00-14: 00   1664.0  化妆品
1   1002  李四  2019-03-01  14: 00-21: 00    954.0  化妆品
2   1003  王五  2019-03-01   9: 00-14: 00   1407.0  食品
3   1004  赵六  2019-03-01  14: 00-21: 00   1320.0  食品
4   1005  周七  2019-03-01   9: 00-14: 00    994.0  日用品
```

（2）柜台列的数据是离散数据，可以被分组，代码如下。

```
grouped = df.groupby('柜台')
print(grouped)
```

形成分组对象，运行结果如下。

```
<pandas.core.groupby.groupby.DataFrameGroupBy object at 0x000001F8FE203128>
```

（3）遍历分组对象 DataFrameGroupBy 对象，代码如下。

```
#遍历DataFrameGroupBy
for i in grouped:
    print(i)
    print(type(i))
```

输出结果是每一个柜台为一组元组。

当然，分组不是为了显示分组的具体内容，而是为了对分组进行分析。

（4）分组分析。

```
print('分组求和=====\n',grouped['交易额'].sum())        #求和
```

```
print('分组计数=====\n',grouped['交易额'].count())      #计数
print('分组求平均值=====\n',grouped['交易额'].mean())    #求平均值
print('分组求方差====\n',grouped['交易额'].std())        #求方差
```

运行结果如下。

```
分组求和=====
  柜台
化妆品      75389.0
日用品      88162.0
蔬菜水果     78532.0
食品       85174.0
Name: 交易额, dtype: float64
分组计数=====
  柜台
化妆品      61
日用品      62
蔬菜水果     63
食品       60
Name: 交易额, dtype: int64
分组求平均值=====
  柜台
化妆品      1235.885246
日用品      1421.967742
蔬菜水果     1246.539683
食品       1419.566667
Name: 交易额, dtype: float64
分组求方差====
  柜台
化妆品      307.044139
日用品      1422.849254
蔬菜水果     307.764668
食品       1036.148709
Name: 交易额, dtype: float64
```

注意，分组对象的聚合函数返回的结果是一个 DataFrame 对象。

（5）分组时指定多个列名，代码如下。

```
grouped_muti = df.groupby(['柜台','时段'])
print(grouped_muti.size())
```

运行结果如下。

柜台	时段	
化妆品	14: 00-21: 00	31
	9: 00-14: 00	31
日用品	14: 00-21: 00	31
	9: 00-14: 00	31
蔬菜水果	14: 00-21: 00	32
	9: 00-14: 00	31
食品	14: 00-21: 00	31
	9: 00-14: 00	31
dtype: int64		

也可以不指定列进行求和、求平均值、求方差等操作，这样会对所有数值列进行相应操作，代码如下。

```
print(grouped_muti.sum())
```

运行结果如下。

柜台	时段	工号	交易额
化妆品	14: 00-21: 00	31081	35128.0
	9: 00-14: 00	31079	40261.0
日用品	14: 00-21: 00	31126	38493.0
	9: 00-14: 00	31106	49669.0
蔬菜水果	14: 00-21: 00	32098	41664.0
	9: 00-14: 00	31133	36868.0
食品	14: 00-21: 00	31131	35943.0
	9: 00-14: 00	31110	49231.0

显然，上述代码不仅将交易额列进行了汇总，也将工号作为数据分析列进行了汇总。

（6）我们还可以选择使用聚合函数 grouped.aggregate()，传递 NumPy 或者自定义的函数，前提是对字段进行聚合运算时，该字段能够返回一个聚合值。

```
#-*- coding:utf-8 -*-
import pandas as pd
```

```
import numpy as np

df = pd.read_excel('d:\\data\\超市营业额.xlsx')

grouped = df.groupby(['柜台'])

print(grouped.aggregate(np.median))        #自动将数值型字段聚合，求中位数
```

所有数值列的中位数分组统计结果如下。

柜台	工号	交易额
化妆品	1002	1271.0
日用品	1004	1246.5
蔬菜水果	1003	1179.0
食品	1004	1310.5

该运行结果返回的是 DataFrame，其中柜台是索引。确定聚合的字段代码如下。

```
print(grouped.aggregate({'姓名':np.size, '交易额':np.sum}))        #确定聚合的字段
```

输出结果如下。

柜台	姓名	交易额
化妆品	62	75389.0
日用品	62	88162.0
蔬菜水果	63	78532.0
食品	62	85174.0

我们也可以借用自定义函数进行聚合，代码如下。

```
def getSum(data):        #定义一个函数实现累加功能
    total = 0
    for d in data:
        total+=d
    return total

print(grouped.aggregate({'交易额':getSum}))        #调用自定义函数聚合
```

输出结果如下。

柜台	交易额
化妆品	NaN
日用品	88162.0
蔬菜水果	78532.0
食品	NaN

化妆品和食品的累加是 NaN，说明在这两个分组的交易额中存在空值，NaN 与任

何数相加均等于 NaN。

2.7.3 连续数据分区

将数据进行离散化或将连续变量进行分段汇总时，就需要使用 pd.cut()函数。其语法格式如下。

```
pd.cut(x,bins,labels=None)
```

参数说明如下。

① x：表示一维数组。

② bins：有整数或序列两种设置。整数设置是将 x 划分为若干个等距区间；序列设置是将 x 划分到指定序列中，若不在该序列中，则是 NaN。

③ labels：默认为 None，可设置序列用于标识分段后的 bins，labels 的长度必须与结果 bins 相等；设置序列后则返回 bins 标识。

pd.cut()函数默认返回左开右闭的数据集合区间。"左开右闭"是指区间不包括左边的内容，但是涵盖右边的内容，例如(2,3]是指大于 2 但是小于等于 3 的数据集合。

pd.cut()函数的作用类似给成绩设定优良中差，例如，0～59 分为"差"，60～70 分为"中"，71～80 分为"良"，81～100 分为"优秀"。

注意，pd.cut()是 pandas 的函数，不是 DataFrame 的函数，因此不能使用 df.cut()。

【动动手练习 2-21】 统计不同区间的营业额天数

（1）准备数据，代码如下。

```
#-*- coding:utf-8 -*-
import pandas as pd
import numpy as np
data = r'd:\\data\\日销售情况.xls'
df = pd.read_excel(data,index_col='日期')      #读取数据，指定"日期"列为索引列
print(df.head())
```

查看准备的数据情况，结果如下。

```
日期          销量
2015-03-01   51.0
2015-02-28   2618.2
2015-02-27   2608.4
2015-02-26   2651.9
```

```
2015-02-25      3442.1
```

该 DataFrame 只有"销量"列，日期为索引。

（2）使用 pd.cut()函数将销量特征平均分为 5 个区间。pd.cut()函数会返回一个与原列长度相等的区间分组序列，将这个区间分组序列作为一个新列添加到原来的 DataFrame 中。

```
bins=5      #定义为一个整数，将按五等分分区
cut_1=pd.cut(df.销量,bins)      #对销量按五等分分区
#print(cut_1)#
df['分区']=cut_1      #对已有 DataFrame 增加一列，增加一个分析特征
print(df.groupby(by='分区').count())      #求各分区的天数
```

在销量营收 5 个分区中的天数如下。

分区	销量
(12.916, 1838.888]	4
(1838.888, 3655.776]	189
(3655.776, 5472.664]	5
(5472.664, 7289.552]	1
(7289.552, 9106.44]	1

结果返回的是各个区间的统计天数，天数中的大多数的营业收入大于 1838.888 且小于等于 3655.776。因此，我们可以重新修改分区区段，分为营收偏低、营收正常、营收偏高 3 个区间，分别对应(0,1800]、(1800,3700]、(3700,10000]。代码如下。

```
bins=[0,1800,3700,10000]  #定义一个数据列表，列表由分区的节点数据组成（不再等分）
labels=['营收偏低','营收正常','营收偏高']      #labels 标识要与 bins 定义区间个数一致
cut_1=pd.cut(df.销量,bins,labels=labels)      #print(cut_1.head())
df['分区']=cut_1      #对已有 DataFrame 增加一列，增加一个分析特征
print(df.groupby(by='分区').count())      #求各分区的天数
```

对重新定义的分区进行分组统计，结果如下。

分区	销量
营收偏低	4
营收正常	190
营收偏高	6

从分析结果可以看出，营收正常是 190 天，营收异常是 10 天（营收偏低是 4 天，营收偏高是 6 天）。

2.7.4　数据的相关性分析

在工作中，我们遇到的数据之间可能会存在一些联系，也可能没有关联，因此我们需要一种能定量关联性的工具来对数据进行分析，从而给决策提供支持。

一般采用相关系数来描述两组数据的相关性。相关系数最早是由统计学家卡尔·皮尔逊设计的统计指标，是研究变量之间线性相关程度的量，一般用字母 r 表示。变量可能有正相关（即一个变量的值增加时，另一个变量的值也会增加），也可能有负相关（即随着一个变量的值增加，其他变量的值减小），还可能是中立的（即变量不相关）。

相关系数可以由协方差除以两个变量的标准差而得，取值范围为[-1, 1]，-1 表示完全负相关，1 表示完全相关。

pandas 相关性分析使用 corr()函数完成，但连续变量之间才能进行相关性分析，因此对于离散特征，要先进行虚拟化处理再进行相关性分析。

1. corr()函数的一般格式

corr()函数是 DataFrame 对象的一种方法，用于计算两列值的相关系数，即计算列与列之间的相关系数，返回相关系数矩阵。corr()函数的一般格式如下。

```
DataFrame.corr(method={'pearson', 'kendall', 'spearman'}, min_periods=1)
```

参数 method 支持 3 个相关性系数：pearson（皮尔逊）、kendall（肯德尔）、spearman（斯皮尔曼），默认是 pearson 相关系数。pearson 相关系数用于衡量两个数据集合是否在一条线上，即针对线性数据计算相关系数。在统计分析中，如果数据呈正态分布，首选 pearson 相关系数；如果数据不服从正态分布，可以选择 spearman 和 kendall 相关系数。

2. 计算 DataFrame 列之间的相关系数

（1）准备数据，代码如下。

```
#-*- coding:utf-8 -*-
import pandas as pd
import numpy as np
a = np.arange(1,10).reshape(3,3)
data = pd.DataFrame(a,index=["a","b","c"],columns=["one","two","three"])
print(data)
```

数据准备如下。

```
    one  two  three
```

```
a    1    2    3
b    4    5    6
c    7    8    9
```

（2）对该 DataFrame 计算相关性，代码如下。

```
#计算第一列和第二列的相关系数
print(data.one.corr(data.two,method='pearson'))
#可以省略 method，默认使用'pearson'，也可将其替换为'kendall'或'spearman'
#返回一个相关系数矩阵
print(data.corr(method='pearson')
)
```

相关系数计算结果如下。

```
1.0     #两列对应的结果
        one    two    three
one     1.0    1.0    1.0
two     1.0    1.0    1.0
three   1.0    1.0    1.0
```

由于该 DataFrame 的数据是由 np.arange 数组生成的，有完全的相关性，故结果均为 1。

3. 对餐饮销量数据进行相关性分析

（1）准备数据，代码如下。

```
#-*- coding:utf-8 -*-
#餐饮销量数据相关性分析
from __future__ import print_function
import pandas as pd
catering_sale = 'd:\\data\\餐饮数据.xls'      #餐饮数据，含有其他属性
data = pd.read_excel(catering_sale, index_col = u'日期')      #读取数据，指定"日期"列为索引列
print(data.head())
```

餐饮数据格式如下。

百合酱蒸凤爪	翡翠蒸香茜饺	金银蒜汁蒸排骨	乐膳真味鸡	......	铁板酸菜豆腐	香煎韭菜饺	香煎萝卜糕	原汁原味菜心
日期				...				
2015-01-01	17	6	8	24	...	18	10	10	27

```
2015-01-02    11    15    14    13    ...    19    13    14    13
2015-01-03    10     8    12    13    ...     7    11    10     9
2015-01-04     9     6     6     3    ...     9    13    14    13
2015-01-05     4    10    13     8    ...    17    11    13    14
[5 rows x 10 columns]
```

餐饮数据共有 10 列，日期为索引列，其中包括各种菜品 10 种，每一行对应一天各种菜品的销售记录。现在，通过 corr() 函数发现各种菜品之间的相关性。

（2）输出相关系数矩阵，代码如下。

```
print("相关系数矩阵，即给出任意两款菜式之间的相关系数:")
print(data.corr())
```

相关系数的计算结果如下。

```
相关系数矩阵，即给出任意两款菜式之间的相关系数:

                百合酱蒸凤爪    翡翠蒸香茜饺    金银蒜汁蒸排骨    ······    香煎韭菜饺
香煎萝卜糕    原汁原味菜心
百合酱蒸凤爪     1.000000    0.009206    0.016799    ...    0.127448   -0.090276    0.428316
翡翠蒸香茜饺     0.009206    1.000000    0.304434    ...    0.062344    0.270276    0.020462
金银蒜汁蒸排骨   0.016799    0.304434    1.000000    ...    0.121543    0.077808    0.029074
乐膳真味鸡       0.455638   -0.012279    0.035135    ...   -0.068866   -0.030222    0.421878
蜜汁焗餐包       0.098085    0.058745    0.096218    ...    0.155428    0.171005    0.527844
生炒菜心         0.308496   -0.180446   -0.184290    ...    0.038233    0.049898    0.122988
铁板酸菜豆腐     0.204898   -0.026908    0.187272    ...    0.095543    0.157958    0.567332
香煎韭菜饺       0.127448    0.062344    0.121543    ...    1.000000    0.178336    0.049689
香煎萝卜糕      -0.090276    0.270276    0.077808    ...    0.178336    1.000000    0.088980
原汁原味菜心     0.428316    0.020462    0.029074    ...    0.049689    0.088980    1.000000
[10 rows x 10 columns]
```

（3）计算某一列与其余列的相关系数，代码如下。

```
print("显示"百合酱蒸凤爪"与其他菜式的相关系数:")
print(data.corr()[u'百合酱蒸凤爪'])    #只显示"百合酱蒸凤爪"与其他菜式的相关系数
```

结果如下。

```
显示"百合酱蒸凤爪"与其他菜式的相关系数:

百合酱蒸凤爪        1.000000
翡翠蒸香茜饺        0.009206
金银蒜汁蒸排骨      0.016799
```

```
乐膳真味鸡        0.455638
蜜汁焗餐包        0.098085
生炒菜心          0.308496
铁板酸菜豆腐      0.204898
香煎韭菜饺        0.127448
香煎萝卜糕        -0.090276
原汁原味菜心      0.428316
Name: 百合酱蒸凤爪, dtype: float64
```

百合酱蒸凤爪与乐膳真味鸡、原汁原味菜心之间的相关性最大，与翡翠蒸香茜饺相关性小，与香煎萝卜糕呈负相关。

（4）计算单列与单列的相关性，代码如下。

```
print("计算"百合酱蒸凤爪"与"翡翠蒸香茜饺"的相关系数:")
print(data[u'百合酱蒸凤爪'].corr(data[u'翡翠蒸香茜饺'])) #计算"百合酱蒸凤爪"与"翡翠蒸香茜饺"的相关系数
```

运行结果如下。

```
计算"百合酱蒸凤爪"与"翡翠蒸香茜饺"的相关系数：
0.009205803051836475
```

比较相关系数，可以发现各个菜品之间的相关性，找到顾客点菜的喜好，优化菜品和菜品的组合。

第 3 章　JSON 模块与格式转换

JSON（JS 对象简谱）是一种轻量级的数据交换格式。它基于 ECMAScript（欧洲计算机制造商协会制定的 JS 规范）的一个子集，采用完全独立于编程语言的文本格式存储和表示数据。简洁和清晰的层次结构使 JSON 成为理想的数据交换语言。JSON 易于人们阅读和编写，也易于机器解析和生成，并且有效地提升了网络传输效率。

3.1　JSON 对象与 Python 对象

JSON 对象由花括号括起来，成员之间用逗号分隔，成员由键值对组成，例如下面的代码。

```
{"name":"JohnDoe","age":18,"address":{"country":"china","zip-code":"10000"}}
```

从形式上看，JSON 对象类似 Python 的字典，仅从形式上是无法分辨二者的。但要清楚，它们属于不同的对象形式，可以通过一定手段进行转换。

JSON 对象与 Python 对象的转换完全依赖于 JSON 模块的支持。

3.1.1　将 Python 对象转换为 JSON 对象

JSON 模块的 json.dumps()函数可以将任意形式的 Python 对象（包括字典、字符串、元组、列表等）转换为 JSON 字符串对象。

【动动手练习 3-1】　将 Python 对象转换为 JSON 对象

```
import json        #导入 JSON 模块包

mydict={'name':'xiaoming','age':18}        #创建 Python 字典
```

```
#json.dumps()函数用于将 Python 类型转换为 JSON 字符串对象
json_str=json.dumps(mydict)
print(type(mydict))        #查看 mydict 的类型
print(type(json_str),json_str)        #查看 json_str 的类型
```

运行结果如下。

```
<class 'dict'>
<class 'str'> {"name": "xiaoming", "age": 18}
```

查看类型可以得知，JSON 对象 json_str 的结果不是字典，而是一个"str"字符串形式，即 JSON 字符串对象。

3.1.2　将 JSON 对象转换为 Python 对象

使用 json.loads()方法可将 JSON 对象转化为 Python 的相应数据类型。例如，前面转换后的 JSON 对象结果"json_str"是具有字典形式的字符串，使用 json.loads()方法将其转换为 Python 对象后，系统会将其自动确定为字典类型，其他类型也会自动转换为相应的类型。将 JSON 对象转换成 Python 对象的代码如下。

```
my_dict=json.loads(json_str)
print(my_dict)
```

运行结果如下，回到字典形式。

```
{'name': 'xiaoming', 'age': 18}
```

3.1.3　Python 对象和 JSON 对象的对比

【动动手练习 3-2】　将 Python 对象和 JSON 对象对比

```
import json                #导入 JSON 模块包
resultJson='Python'                #resultJson 是 Python 对象
res=(json.dumps(resultJson))                #res 是 JSON 对象
print(type(resultJson),type(res))
```

运行结果如下。

```
<class 'str'><class 'str'>
```

我们知道，resultJson 是 Python 对象，res 是 JSON 对象，但从类型上看，这两个变量均为字符串。接下来，我们对两个变量分别使用 json.loads()函数（即将 JSON 对

象转成 Python 对象），代码如下。

```
print(json.loads(res))
```

运行结果如下。

```
Python
```

对 JSON 对象 res 使用 json.loads() 函数进行转换是正常的，但对 Python 对象 resultJson 使用 json.loads() 函数进行转换就会出现错误，如图 3-1 所示。

```
In [3]: print(json.loads(res))
Python

In [4]: print(json.loads(resultJson))
Traceback (most recent call last):

  File "<ipython-input-4-27e31988601f>", line 1, in <module>
    print(json.loads(resultJson))

  File "C:\Program Files\Anaconda3\lib\json\__init__.py", line 354, in loads
    return _default_decoder.decode(s)

  File "C:\Program Files\Anaconda3\lib\json\decoder.py", line 339, in decode
    obj, end = self.raw_decode(s, idx=_w(s, 0).end())

    File "C:\Program Files\Anaconda3\lib\json\decoder.py", line 357, in raw_decode
      raise JSONDecodeError("Expecting value", s, err.value) from None

JSONDecodeError: Expecting value

In [5]:
```

图 3-1　对 Python 对象 resultJson 使用 json.loads() 函数进行转换出现的错误提示

显然，JSON 对象 res 可以被顺利地转换为 Python 对象；但对 Python 对象 resultJson 使用 json.loads() 函数就会返回 JSON 解码错误 "JSONDecodeError: Expecting value"。

以上分别使用 json.loads() 函数和 json.dumps() 函数完成了 JSON 对象与 Python 对象（字典和字符串）之间的转换。当然，只有 Python 的字典类型与 JSON 对象转换才有意义，一个纯粹的 Python 字符串与 JSON 对象进行转换是没有意义的。

3.2　JSON 文件的读操作

json.dump() 与 json.load() 函数分别用于写入和读取 JSON 文件。下面分别说明。

3.2.1　保存 JSON 文件

将 Python 对象写入 JSON 文件，代码如下。

```
import json

prices={'ACME':45.23,'AAPL':612.78,'IBM':205.55,'HPQ':37.20,'联想':10.75}
```

```
with open('price.json','w') as f:
    json.dump(price,f,ensure_ascii=False)
```

此时在当前目录下生成 price.json 文件，默认保存的 JSON 文件编码格式是 "ANSI"。

文件内容：{'ACME':45.23,'AAPL':612.78,'IBM':205.55,'HPQ':37.2,'联想':10.75}。

温馨提示： 如果保存的 JSON 文件包含中文，需要指定 ensure_ascii=False 参数。如果没有中文，则该参数可默认省略。

3.2.2 读取 JSON 文件

读取 JSON 文件形成 Python 对象，代码如下。

```
import json
with open('price.json','r',encoding='ANSI') as f:
#要提前确认 price.json 的编码格式
    a=json.load(f)      #此时 a 是一个字典对象
    print(a)
```

price.json 文件已经形成并被保存在当前目录下，输出结果：{'ACME': 45.23, 'AAPL': 612.78, 'IBM': 205.55, 'HPQ': 37.2, '联想': 10.75}。

3.2.3 JSON 模块的 4 个函数

Python 对象与 JSON 对象的转换，以及读/写 JSON 文件主要通过 JSON 模块的以下 4 个函数完成。

- json.dumps()：将一个 Python 对象编码为 JSON 对象。
- json.loads()：将一个 JSON 对象解析为 Python 对象。
- json.dump()：将 Python 对象写入 JSON 文件。
- json.load()：从 JSON 文件中读取 JSON 数据，并形成 Python 对象。

这 4 个函数的功能可通过图 3-2 显示。

图 3-2　JSON 模块的 4 个函数的功能

3.3　JSON 文件的练习

3.3.1　读取 JSON 文件

【动动手练习 3-3】　读取 JSON 文件的练习

以红星图书馆电子图书访问统计信息 JSON 文件为例，读取 JSON 文件。代码如下。

```
#-*- coding:utf-8 -*-
#-*- coding:utf-8 -*-
import json
import pprint
with open(r'd:\\data\\红星图书馆电子图书访问统计信息.json','r',encoding='utf-8') as f:
    print(1)
    #要提前确认 price.json 的编码格式
    data=json.load(f)        #此时 data 是一个字典对象
    print(data)
    pprint.pprint(data)
    a=''
    for i in data:
        print('日期',i['DATE'],end=a.ljust(3))
        print('点击量',i['PV'],end=a.ljust(7-len(i['PV'])))
        print('浏览人数',i['ID'],end='   ')
        print(i['SITE_NAME'])
```

运行结果如下。

```
日期 2021-05-12 00:00:00    点击量 348     浏览人数 5     红星图书馆
日期 2021-05-13 00:00:00    点击量 1494    浏览人数 30    红星图书馆
日期 2021-05-14 00:00:00    点击量 1216    浏览人数 87    红星图书馆
日期 2021-05-15 00:00:00    点击量 896     浏览人数 143   红星图书馆
日期 2021-05-16 00:00:00    点击量 782     浏览人数 174   红星图书馆
日期 2021-05-17 00:00:00    点击量 1216    浏览人数 205   红星图书馆
日期 2021-05-18 00:00:00    点击量 1450    浏览人数 257   红星图书馆
```

```
日期 2021-05-19 00:00:00        点击量 1464    浏览人数 313     红星图书馆
日期 2021-05-20 00:00:00        点击量 1439    浏览人数 365     红星图书馆
日期 2021-05-21 00:00:00        点击量 1460    浏览人数 417     红星图书馆
日期 2021-05-22 00:00:00        点击量 1440    浏览人数 470     红星图书馆
日期 2021-05-23 00:00:00        点击量 1437    浏览人数 523     红星图书馆
日期 2021-05-24 00:00:00        点击量 1395    浏览人数 575     红星图书馆
日期 2021-05-25 00:00:00        点击量 1443    浏览人数 625     红星图书馆
日期 2021-05-26 00:00:00        点击量 1389    浏览人数 675     红星图书馆
日期 2021-05-27 00:00:00        点击量 1440    浏览人数 720     红星图书馆
日期 2021-05-28 00:00:00        点击量 1410    浏览人数 773     红星图书馆
日期 2021-05-29 00:00:00        点击量 1444    浏览人数 829     红星图书馆
日期 2021-05-30 00:00:00        点击量 1411    浏览人数 886     红星图书馆
日期 2021-05-31 00:00:00        点击量 1440    浏览人数 941     红星图书馆
日期 2021-06-01 00:00:00        点击量 1412    浏览人数 997     红星图书馆
日期 2021-06-02 00:00:00        点击量 1448    浏览人数 1052    红星图书馆
日期 2021-06-03 00:00:00        点击量 1440    浏览人数 1109    红星图书馆
日期 2021-06-04 00:00:00        点击量 1410    浏览人数 1159    红星图书馆
日期 2021-06-05 00:00:00        点击量 1442    浏览人数 1209    红星图书馆
```

　　JSON 文件是网站动态实时填充数据的格式，内容一般比较多、关系比较复杂（我们可以上网通过 JSON 格式解析软件解析阅读）。我们要仔细研读这类文件，熟悉各层级的关系，掌握每一层级的属性，通过 Python 语句逐层剥离选取其中的属性数据。这对于理解 JSON 文件格式有极大的帮助，也可以提升我们编写程序的能力。

　　上面的例子使用了 pprint() 和 print() 两种打印方法，我们可以自行比较两种输出的不同表现形式。下面通过 pprint() 方法详细介绍其在输出 JSON 文件中的作用。

3.3.2　使用 pprint() 方法

　　pprint() 方法用于打印 Python 数据结构，尤其是打印特定数据结构时很有用（输出格式比较整齐，便于阅读）。

　　【动动手练习 3-4】　使用 pprint() 方法

```
import pprint
data = (
"this is a string", [1, 2, 3, 4], ("more tuples",
```

```
    1.0, 2.3, 4.5), "this is yet another string"
    )
pprint.pprint(data)
```

输出格式化数据，元组的每一个属性占一行，运行结果如下。

```
('this is a string',
 [1, 2, 3, 4],
 ('more tuples', 1.0, 2.3, 4.5),
 'this is yet another string').
```

使用 Python 的 print()方法，代码如下。

```
print(data)
```

运行结果如下。

```
('this is a string', [1, 2, 3, 4], ('more tuples', 1.0, 2.3, 4.5), 'this
is yet another string')
```

　　print()和 pprint()都是 Python 的打印方法，功能基本一样，唯一的区别是 pprint() 方法打印的数据结构更加完整，每行为一个数据结构，更有利于查看输出结果。对于特别长的数据，print()方法的打印结果都在一行，不方便查看，而 pprint()方法采用分行打印。所以结构比较复杂、长度较长的数据，适合采用 pprint()方法。

3.4　打开文件

3.4.1　引入 with 打开文件的原因

　　Python 通过其内置函数 open()打开文件，才能读取文件。一般需要传入文件名（如文件名为 test.txt）和标识符，格式如下。

```
f = open('test.txt', 'r')
```

　　其中，标识符'r'表示读文件。如果文件不存在，那么 open()函数会抛出一个 IOError 错误，并且给出错误码和详细的信息告诉我们文件不存在。如果文件被成功打开，f 就是一个读文件对象，那么就可以调用 f.read()方法读取文件中的内容。

　　特别需要注意，在操作完成后，需要调用 f.close()方法关闭文件。因为文件对象会占用操作系统的资源，并且操作系统在同一段时间内能打开的文件数量也是有限的。

由于读/写文件时有可能产生 IOError，一旦出错，就不会调用后面的 f.close()方法。所以，为了保证无论是否出错都能关闭文件，我们可以使用 try … finally 捕捉异常、处理异常。

在保证打开的文件没有异常的情况下，我们每次都引入文件名和标识符，实在太烦琐。所以，Python 引入了 with 语句自动调用 f.close()方法。也就是说，读/写文件的操作，只有在 with 语句内部才会生效。

3.4.2 使用 with open() as 读/写文件

使用 with open() as 读/写文件的语法格式如下。

```
with open(文件名,模式)as 文件对象：
    文件对象.方法()
```

1．写入文件数据

```
#-*- coding:utf-8 -*-
data=("this is a string",'[1, 2, 3, 4]','("more tuples",1.0, 2.3, 4.5)',
'100','9.99')
with open('test.txt', 'w') as f:
    for s in data:
        print(f.write(s+'\n'))      #分行保存
```

上面的代码更加简洁、优美，并且不必调用 f.close()方法。返回结果如下。

```
17
13
30
4
5
```

结果返回的是每一次写入的字符串字节的长度。注意，f.write(s)只能写入字符串格式的值，其余类型的变量值不能被写入文件。

2．读取文件数据

读取文件数据有 3 个方法：f.read()、f.readline()、f.readlines()。这 3 个方法均可使用变量参数 size 限制每次读取的数据量，但通常不使用。

（1）f.read()方法。

该方法的特点是读取整个文件，将文件内容放到一个字符串变量中。缺点是如果文件非常大，尤其是大于内存时，无法使用 f.read()方法。

使用 f.read()方法读取文件数据的代码如下。

```
#-*- coding:utf-8 -*-
with open('test.txt', 'r') as f:
print(f.read())        #分行保存
print(type(f.read()))      #读取返回的类型
```

读取整个文件的内容，结果如下。

```
this is a string
[1, 2, 3, 4]
("more tuples",1.0, 2.3, 4.5)
100
9.99


<class 'str'>
```

这实际上是将整个文件的内容作为一个字符串进行读取。

（2）f.readline()方法。

该方法的特点是每次读取一行，返回的是一个字符串对象，并保持当前行的内容。缺点是速度比 f.readlines()方法慢得多。

使用 f.readline()方法读取文件数据的代码如下。

```
#-*- coding:utf-8 -*-
with open('test.txt', 'r') as f:
    line=f.readline()        #读取第一行数据
    while line:       #line 不为空就继续读，直到读完整个文件
        print(line)
      line=f.readline()      #读取下一行数据
```

文件对象有指针概念，它会记住上一次操作所在的位置，下一次操作时会从该位置继续。

执行上述程序也会读取整个文件内容，在此不再展示。

（3）f.readlines()方法。

该方法的特点是一次性读取整个文件，返回一个列表并将其分解成行输出。缺点同 f.read()方法，如果文件太大，就不能一次性将全部内容导入内存。

使用 f.readlines()方法读取文件数据的代码如下。

```
#-*- coding:utf-8 -*-
with open('test.txt', 'r') as f:
    lines=f.readlines()        #读取第一行数据
```

```
    print(lines)
    print(type(lines))
```

输出结果如下。

```
['this is a string\n', '[1, 2, 3, 4]\n', '("more tuples",1.0, 2.3, 4.5)\n',
'100\n', '9.99\n']
<class 'list'>
```

显然，这是将整个文件作为一个列表返回。我们可以遍历列表，并依据换行符"\n"将其分解成行输出。

with 语句在读/写文件时，有多种模式及组合可供选择。其模式相关参数如下。

- r：以只读方式打开文件。文件指针将会放在文件的开头。这是默认模式。
- rb：以二进制格式打开一个用于只读的文件。文件指针将会放在文件的开头。
- r+：打开一个用于读/写的文件。文件指针将会放在文件的开头。
- rb+：以二进制格式打开一个用于读/写的文件。文件指针将会放在文件的开头。
- w：打开一个只用于写入的文件。如果该文件已存在则将其覆盖；如果该文件不存在，则创建新文件。
- wb：以二进制格式打开一个只用于写入的文件。如果该文件已存在则将其覆盖；如果该文件不存在，则创建新文件。
- w+：打开一个用于读/写的文件。如果该文件已存在则将其覆盖；如果该文件不存在，则创建新文件。
- wb+：以二进制格式打开一个用于读/写的文件。如果该文件已存在则将其覆盖；如果该文件不存在，则创建新文件。
- a：打开一个用于追加的文件。如果该文件已存在，文件指针将会放在文件的结尾。也就是说，新的内容会被写入已有内容的后面。如果该文件不存在，则创建新文件。
- ab：以二进制格式打开一个用于追加的文件。如果该文件已存在，文件指针将会放在文件的结尾。也就是说，新的内容将会被写入已有内容的后面。如果该文件不存在，则创建新文件。
- a+：打开一个用于读/写的文件。如果该文件已存在，文件指针将会放在文件的结尾。文件打开时是追加模式。如果该文件不存在，则创建新文件。
- ab+：以二进制格式打开一个用于追加的文件。如果该文件已存在，文件指针将会放在文件的结尾。如果该文件不存在，则自动创建新文件。

第4章 连接 MySQL 数据库的 pymysql 模块

本章介绍连接 MySQL 数据库的 pymysql 模块的使用方法，该模块是 Python 3 中的第三方库。

4.1 在 Python 3 中连接 MySQL

4.1.1 游标简介

游标，通俗的解释就是"游动的标志"，这是数据库中一个很重要的概念。

我们执行一条查询语句时，往往会得到 N 条返回结果，执行 SQL 语句取出这些返回结果的接口（起始点），就是游标。沿着这个游标，我们可以一次取出一行记录。

不使用游标，执行 "select * from student where age > 20;" 语句时，如果有 1000 条返回结果，系统会一次性将 1000 条记录都返回到界面中，我们没有选择也不能进行其他操作。

开启游标功能，执行这条语句时，系统会先寻找 select 寻找的行并将其存放起来，然后提供一个游标接口。当需要数据时，用户借助这个游标可以一行一行取出数据，每取出一条记录，游标指针就朝前移动一次，一直到取出最后一行数据。

游标是处理数据的一种方法，提供了在结果集中一次一行或者一次多行向前或向后浏览数据的能力。游标可以作为一个指针，指定结果中的任何位置，然后允许用户对指定位置的数据进行处理。

通俗地讲，操作数据和获取数据库的结果都要通过游标来操作。

我们使用 Python 连接 MySQL 时，Python 就相当于 MySQL 服务器的一个客户端。

使用 pymysql 操作数据库，就是使用游标获取表中的数据。

4.1.2 使用 pymysql 连接 MySQL

Python 3 要想与 MySQL 进行交互，需要在终端命令窗口或 Windows 的 cmd 命令窗口下使用以下命令安装 pymysql。

```
C>pip install pymysql
```

如果提示要升级 pip 版本，则需按相应的 WARNING 提示信息先升级 pip 版本再安装 pymysql。

使用 pymysql 模块连接 MySQL 数据库是通过 connection 对象完成的。在 Python 中使用 pymysql 模块创建一个数据库的代码如下。

```
#导入 pymysql 模块
import pymysql
#连接数据库
conn = pymysql.connect(host="你的数据库地址", user="用户名",password="密码",database="数据库名",charset="utf8")     #utf8 之间没有空格或"-"
#创建游标对象
cursor = conn.cursor()
#定义要执行的 SQL 语句，建表 USER1，有主键 id，字符型字段 name，数值型字段 age
sql = """
CREATE TABLE USER1 (
id INT auto_increment PRIMARY KEY ,
name CHAR(10) NOT NULL UNIQUE,
age TINYINT NOT NULL
)ENGINE=innodb DEFAULT CHARSET=utf8;
"""       #声明数据库存储引擎 ENGINE=InnoDB ; DEFAULT CHARSET=utf8 为默认编码
#执行 SQL 语句
cursor.execute(sql)
#关闭游标对象
cursor.close()
```

```
#关闭数据库连接
conn.close()
```

1．connection 对象支持的方法

connection 是一个 pymysql 的数据库连接对象，connection 对象支持的方法如下。

- cursor()：使用该连接对象创建并返回游标。
- commit()：提交当前事务，否则无法保存新建或者修改的数据。
- rollback()：回滚当前事务，回到事务提交前的数据表状态。
- close()：关闭连接。

2．创建游标

在 pymysql 的数据库 connection 对象的基础上创建游标对象。

cursor()对象即游标对象，它主要负责执行 SQL 语句。调用 connection 对象的 cursor() 方法可以创建游标对象。

创建游标主要方式如下。

- cursor = conn.cursor()：产生游标对象，结果保持表结构。
- cursor = conn.cursor(pymysql.cursors.DictCursor)：产生游标对象，结果是字典。

增加参数 pymysql.cursors.DictCursor（或者使用 cursor=pymysql. cursors. DictCursor） 将使查询结果以字典的形式返回。

3．游标对象支持的方法

游标对象支持的方法如下。

- execute(op)：执行一个数据库的查询命令。
- fetchone()：获取结果集的下一行。
- fetchmany(size) ：获取结果集的下几行。
- fetchall()：获取结果集中的所有行。
- rowcount()：返回数据条数或影响行数。
- close()：关闭游标对象。

下面的语句是对游标对象支持的方法的解释示例，此处省略了 connection 对象和 游标对象的创建，并假设 connection 对象对应的数据库中存在表 userinto。

```
sql = "select * from userinto"      #成对的单引号（'）、双引号（"）或三引号（3 个单引
号或 3 个双引号）均可

res = cursor.execute(sql)           #执行 SQL 语句

res = cursor.fetchone()             #打印一条数据

res = cursor.fetchall()             #打印所有数据

res = cursor.fetchmany(2)           #指定获取几条数据，如果数据量超了也不报错
```

4. 使用 pymysql 连接数据库的基本步骤

① 使用 pymysql 的 connect 方法连接 MySQL 数据库，得到一个数据库对象。

② 开启数据库中的游标功能，得到一个游标对象。

③ 定义实现数据库操作的 SQL 语句。

④ 使用游标对象中的 execute()方法，执行某个 SQL 语句。对于使用 select 语句获取的记录，系统会根据 SQL 语句找到这些匹配行，将其保存起来，需要结果中的数据时，再获取它。

⑤ 完成所有操作后，断开数据库的连接，释放资源。

4.1.3　pymysql.connect()函数的参数与实例

pymysql.connect()函数的一般格式如下。

```
conn = pymysql.connect(host="你的数据库地址", user="用户名",password="密码",
port=3306,database="数据库名",charset="utf8")
```

主要参数说明如下。

- host：要连接的主机地址。本地主机地址为 localhost 或 "127.0.0.1"。

- user：用于登录的数据库用户。

- password：用户密码。

- database：要连接的数据库。

- port：MySQL 服务器端口号，一般省略，默认为 3306。

- charset：连接数据库的字符编码方式。

【动动手练习 4-1】　使用 pymysql.connect()函数的练习

执行下面的程序前，先在 MySQL 中创建数据库 "aaa_database"，并且该数据库中没有表 "user1"。代码如下。

```
#-*- coding:utf-8 -*-
import pymysql


conn = pymysql.connect(
    user='root',
    password='123456',
    host='127.0.0.1',      #IP 地址
    port=3306,             #端口
    charset='utf8',
```

```
        database='aaa_database'
)
#创建游标对象
cursor = conn.cursor()
#定义要执行的 SQL 语句，创建表 user1，有主键 id、字符型字段 name、数值型字段 age
sql = """
CREATE TABLE user1 (
id INT auto_increment PRIMARY KEY ,
name varCHAR(10) NOT NULL UNIQUE,
age TINYINT NOT NULL
)ENGINE=innodb DEFAULT CHARSET=utf8;
"""      #声明数据库存储引擎 ENGINE=InnoDB ；DEFAULT  CHARSET=utf8 默认编码
#执行 SQL 语句
cursor.execute(sql)
#关闭游标对象
cursor.close()
#关闭数据库连接
conn.close()
```

运行以上程序，就可以在数据库中创建表 user1，执行 Python 程序后，进入 MySQL 查看新建表 user1 是否存在。对照 MySQL 常用命令，使用 show tables 命令和 desc 命令，分别查看表和表结构，如图 4-1 所示。

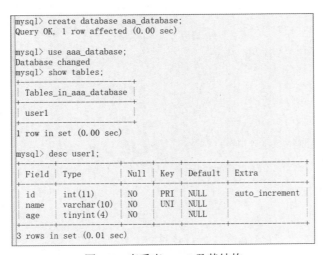

图 4-1　查看表 user1 及其结构

为避免数据库表中的数据出现中文乱码，在创建数据库的表时必须指定编码：DEFAULT CHARSET=utf8。注意，此处是"utf8"，与一般标记"utf-8"不一样，中间没有"-"。

4.2 pymysql 的基本使用方法

pymysql 同样支持对数据库的基本操作，可以在 Python 中实现对数据库记录的增加、删除、修改、查询操作，返回字典格式数据，还可以完成 DataFrame 与数据库的相互读/写。

4.2.1 数据库记录的增删改查操作

1. 增加数据库记录

【动动手练习 4-2】 增加数据库记录

```
#-*- coding:utf-8 -*-
import pymysql
#数据库 connection 对象
conn = pymysql.connect(
    user='root',
    password='123456',
    host='127.0.0.1',  #IP 地址
    port=3306,  #端口
    charset='utf8',
    database='aaa_database'
)
#创建游标对象
cursor = conn.cursor()
#定义要执行的 SQL 语句，插入记录
sql = "INSERT INTO USER1(name, age) VALUES (%s, %s);"
username = "张三"
age = 18
data=[("赵八","19"),("刘九","21"),("封十","22")]
#执行 SQL 语句
```

```
cursor.execute(sql,[username,age])          #插入单条记录
cursor.executemany(sql,data)        #插入多条记录


conn.commit()      #connection 对象提交事务，将数据存入数据库
#print('插入记录条数：',ret)
#关闭游标对象
cursor.close()
#关闭数据库连接
conn.close()
```

INSERT INTO USER1(name, age) VALUES (%s, %s)语句中没有直接插入对应的数值，而是在 VALUES 子句中使用%s 占位符在表中插入数据，与%s 定义对应的是 cursor.execute()和 cursor.executemany()方法中的数组参数。此时数组中的元组元素被转换为字符串并替换该位置的占位符，对应 SQL 语句中的一条数据。很多时候，我们需要插入的值不是固定的值，而是变量，所以可以使用上述方法插入数据。

cursor.executemany()方法为批量操作，是一次能写入多行数据。

传入 cursor.executemany(sql, values)的 values 参数应是多行的，即[(一组数据),(另一组数据)]，列表由元组组成。如果直接传入的是一行数据，则不符合参数格式要求，系统会提示"not enough arguments for format string"，因此应该修改 vales=[(一组数据)]，或者直接用单行操作：cursor.execute(sql,values)。

SQL 语句模板中的占位符是%s（注意，此处%s 没有引号），且多个参数需要用元组存放，单个参数可直接传递。

【动动手练习 4-3】　　插入的数据回滚失败

```
#-*- coding:utf-8 -*-
import pymysql
#数据库 connection 对象
conn = pymysql.connect(
    user='root',
    password='123456',
    host='127.0.0.1',  #IP 地址
    port=3306,  #端口
    charset='utf8',
    database='aaa_database'
)
```

```
#创建游标对象
cursor = conn.cursor()
#定义要执行的 SQL 语句，插入记录
sql = "INSERT INTO user1(name, age) VALUES (%s, %s);"
username = "李四"
age = 21
data=[("刘柏宏","19"),("阮建安","21"),("夏志豪","22")]
try:
    #执行 SQL 语句
    cursor.execute(sql,[username,age])        #插入单条记录
    cursor.executemany(sql,data)        #插入多条记录

    conn.commit()        #connection 对象提交事务，将数据存入数据库
except Exception as e:
    #有异常，回滚事务
    conn.rollback()

#print('插入记录条数：',ret)
#关闭游标对象
cursor.close()
#关闭数据库连接
conn.close()
```

运行程序后，打开数据库 aaa_database，使用 select 查看表 user1 的数据，如图 4-2 所示。

```
mysql> use aaa_database;
Database changed
mysql> select * from user1;
+----+--------+------+
| id | name   | age  |
+----+--------+------+
|  1 | 张三   |  18  |
|  2 | 赵八   |  19  |
|  3 | 刘九   |  21  |
|  4 | 封十   |  22  |
|  5 | 李四   |  21  |
|  6 | 刘柏宏 |  19  |
|  7 | 阮建安 |  21  |
|  8 | 夏志豪 |  22  |
+----+--------+------+
8 rows in set (0.01 sec)
```

图 4-2　查看表 user1 的数据

2．删除数据记录

【动动手练习 4-4】　从图 4-2 中获取并删除 id 值为 "4" "5" "6" 的记录

```
#-*- coding:utf-8 -*-
import pymysql      #导入 pymysql 模块
#数据库 connection 对象
conn = pymysql.connect(
    user='root',
    password='123456',
    host='127.0.0.1',   #IP 地址
    port=3306,   #端口
    charset='utf8',
    database='aaa_database'
)
cursor = conn.cursor()      #创建游标对象
#定义要执行的 SQL 语句，删除记录
sql = "DELETE FROM USER1 WHERE id=%s;"      #where 条件表达式可实现更复杂的定义
data1=[4]      #一个值的条件
data2=[4,5,6]      #多个值的条件
try:
    #执行 SQL 语句
    cursor.executemany(sql, data1)   #一次只能删除一条记录；游标操作
    cursor.executemany(sql, data2)   #可删除多条记录；游标操作
    conn.commit()       #提交事务；connection 对象操作
except Exception as e:
    #有异常，回滚事务
    conn.rollback()
    print(e)
#关闭游标对象
cursor.close()
#关闭数据库连接
conn.close()
```

执行程序后，在 MySQL 命令窗口使用 select 查看结果，如图 4-3 所示。

```
mysql> select * from user1;
+----+--------+------+
| id | name   | age  |
+----+--------+------+
|  1 | 张三   |   18 |
|  2 | 赵八   |   19 |
|  3 | 刘九   |   21 |
|  7 | 阮建安 |   21 |
|  8 | 夏志豪 |   22 |
+----+--------+------+
5 rows in set (0.00 sec)
```

图 4-3　删除数据后查看表 user1 的数据

可以看出，已经没有 id 值为 4、5、6 的记录了。

3．修改数据记录

查找姓名为"张三"的记录，并将其年龄修改为 17 岁，代码如下。

```
sql = "UPDATE user1 SET age=%s WHERE name=%s;"      #更新部分为 set
username = "张三"
age = 17
#执行 SQL 语句
cursor.execute(sql, [age, username])
```

【动动手练习 4-5】　查看数据库表记录的更新情况

```
#-*- coding:utf-8 -*-
import pymysql       #导入 pymysql 模块
#数据库 connection 对象
conn = pymysql.connect(
    user='root',
    password='123456',
    host='127.0.0.1',  #IP 地址
    port=3306,  #端口
    charset='utf8',
    database='aaa_database'
)
cursor = conn.cursor()      #创建游标对象
#定义要执行的 SQL 语句
sql = "UPDATE user1 SET age=%s WHERE name=%s;"
username = "张三"
```

```
age = 17

try:
    #执行 SQL 语句
    cursor.execute(sql, [age, username])
    conn.commit()      #connection 对象提交事务
except Exception as e:
    #有异常，回滚事务
    conn.rollback()
#关闭游标对象
cursor.close()
#关闭数据库连接
conn.close()
```

运行程序后，在 MySQL 窗口查看结果，如图 4-4 所示。

```
mysql> select * from user1;
+----+--------+-----+
| id | name   | age |
+----+--------+-----+
|  1 | 张三   |  17 |
|  2 | 赵八   |  19 |
|  3 | 刘九   |  21 |
|  7 | 阮建安 |  21 |
|  8 | 夏志豪 |  22 |
+----+--------+-----+
5 rows in set (0.00 sec)
```

图 4-4　修改"张三"的年龄为 17 岁

4．查询数据记录

【动动手练习 4-6】　从数据库 aaa_database 的表 user1 中查询年龄大于 20 的人员

使用 cursor.fetchone()方法查询单条记录，代码如下。

```
#-*- coding:utf-8 -*-
import pymysql     #导入 pymysql 模块
#数据库 connection 对象
conn = pymysql.connect(
    user='root',
    password='123456',
    host='127.0.0.1',   #IP 地址
```

```
    port=3306,    #端口
    charset='utf8',
    database='aaa_database'
)
cursor = conn.cursor()    #创建游标对象
#定义要执行的 SQL 语句，查找年龄大于 20 的记录
sql = "select * from user1 where age>20"


try:
    #执行 SQL 语句
    cursor.execute(sql)
    print("编号", "姓名", "年龄")    #显示标题栏
    #获取单条查询数据
    ret = cursor.fetchone()
    print(ret)
    ret = cursor.fetchone()
    print(ret)
    ret = cursor.fetchone()
    print(ret)
    ret = cursor.fetchone()
    print(ret)
except Exception as e:
    raise e        #raise 用于手动抛出异常
#关闭游标对象
cursor.close()
#关闭数据库连接
conn.close()
```

使用 cursor.fetchone()方法每次只能查找一条记录，是查找有游标记录的指针。第一次使用游标，指针指向游标的第一条记录，每查找一次返回一个表结构字段值的元组，找不到会返回 None。程序运行结果如图 4-5 所示。

```
编号 姓名 年龄
(3, '刘九', 21)
(7, '阮建安', 21)
(8, '夏志豪', 22)
None
```

图 4-5　单条查询结果

【动动手练习 4-7】　使用 cursor.fetchall()方法查找符合条件的全部记录

```
#-*- coding:utf-8 -*-
```

```python
import pymysql    #导入 pymysql 模块
#数据库 connection 对象
conn = pymysql.connect(
    user='root',
    password='123456',
    host='127.0.0.1',   #IP 地址
    port=3306,   #端口
    charset='utf8',
    database='aaa_database'
)

cursor = conn.cursor()    #创建游标对象
#定义要执行的 SQL 语句，查找年龄大于 20 的记录
sql = "select * from user1 where age>20"


try:
    #执行 SQL 语句
    cursor.execute(sql)
    results = cursor.fetchall()    #获取查询的所有记录
    print("编号", "姓名", "年龄")    #显示标题栏
    #遍历结果
    for row in results:
        id = row[0]
        name = row[1]
        age = row[2]
        print(id, name, age)
        #conn.commit()    #connection 对象提交事务
except Exception as e:
    raise e    #raise 用于手动抛出异常
#关闭游标对象
cursor.close()
#关闭数据库连接
conn.close()
```

使用 cursor.fetchall()方法获取查询的所有记录后，逐行遍历获取的记录才能更清晰地

查看结果，如图 4-6 所示。

查询记录不必使用事务提交 conn.commit()方法。

编号	姓名	年龄
3	刘九	21
7	阮建安	21
8	夏志豪	22

图 4-6　遍历获取的记录内容

4.2.2　返回字典格式数据

在数据库的操作中，有时需要直接返回数据库中的字段栏位名称和字段栏位值，因此要用到 key:value 字典格式的方法。

在 pymysql 中，需要在创建游标对象时加入参数 pymysql.cursors.DictCursor 来确定获取的每条数据为字典格式。

【动动手练习 4-8】　返回字典格式数据的练习

使用 pymysql 执行 SQL 语句来查询表 user1，并将每一条数据以字典格式返回，代码如下。

```
#-*- coding:utf-8 -*-
import pymysql   #导入 pymysql 模块
#数据库 connection 对象
conn = pymysql.connect(
    user='root',
    password='123456',
    host='127.0.0.1',   #IP 地址
    port=3306,   #端口
    charset='utf8',
    database='aaa_database'
)
#创建返回字典格式的游标对象，加入参数 pymysql.cursors.DictCursor
cursor = conn.cursor(pymysql.cursors.DictCursor)   #对比前面的 cursor = 
conn.cursor()
#定义要执行的 SQL 语句
sql = "select * from user1"   #此处可以制造一个错误 sql = "select ff from user1",
没有 ff 字段，输出"查询失败"

try:
    #执行 SQL 语句
    cursor.execute(sql)
```

```
        results = cursor.fetchall()    #获取查询的所有记录
        print('获取表 user1 的所有结果: ',results)
        #遍历结果
        print('遍历结果，并查看类型: ')
        for dic in results:
            print(dic,type(dic))


except Exception as e:
        print("查询失败")
        print(e)
        #raise e    #raise 用于手动抛出异常
#关闭游标对象
cursor.close()
#关闭数据库连接
conn.close()
```

该程序创建了返回字典格式的数据。

程序运行结果如下。

获取表 user1 的所有结果: [{'id': 1, 'name': '张三', 'age': 17}, {'id': 2, 'name': '赵八', 'age': 19}, {'id': 3, 'name': '刘九', 'age': 21}, {'id': 7, 'name': '阮建安', 'age': 21}, {'id': 8, 'name': '夏志豪', 'age': 22}]

遍历结果，并查看类型:

{'id': 1, 'name': '张三', 'age': 17} <class 'dict'>

{'id': 2, 'name': '赵八', 'age': 19} <class 'dict'>

{'id': 3, 'name': '刘九', 'age': 21} <class 'dict'>

{'id': 7, 'name': '阮建安', 'age': 21} <class 'dict'>

{'id': 8, 'name': '夏志豪', 'age': 22} <class 'dict'>

cursor.fetchall()方法返回的是一个列表，遍历该列表后，输出的是字典格式的数据。

4.2.3　pymysql 与 pandas 结合

pymysql 与 pandas 结合能更好地完成 MySQL 数据库的读/写任务。

1. 读取 MySQL 数据库形成 DataFrame

要从数据库中加载数据，除了使用游标 cursor.execute(sql)读取外，还可以使用

pd.read_sql()方法实现。

pd.read_sql()方法可以在数据库中执行指定的 SQL 语句查询，或对指定的整张表进行查询。以 DataFrame 的类型返回查询结果，这是与数据库进行交互操作时很重要的一步——既读取数据，又返回 DataFrame。

【动动手练习 4-9】 将数据库中的数据读取到 DataFrame

```
#-*- coding:utf-8 -*-
import pymysql   #导入 pymysql 模块
import pandas as pd
#数据库 connection 对象
conn = pymysql.connect(
    user='root',
    password='123456',
    host='127.0.0.1',   #IP 地址
    port=3306,   #端口
    charset='utf8',
    database='aaa_database'
)
#定义要执行的 SQL 语句
sql = "select * from user1"
#将数据库数据读取到 DataFrame
df = pd.read_sql(sql,conn)   #参数包括 SQL 语句和数据库 connection 对象
print(df)
```

程序中的关键是使用 pd.read_sql()方法读取数据库数据，将其存储为 DataFrame 格式。使用 pd.read_sql()方法读取数据库数据不需要游标支持。

程序输出结果如图 4-7 所示。

图 4-7 输出结果

2. 将 DataFrame 数据写入 MySQL 数据库

使用 df.to_sql()方法可以将 DataFrame 数据写入 MySQL 数据库。准备好"name123.csv"文件，该文件保存的数据和格式如图 4-8 所示。

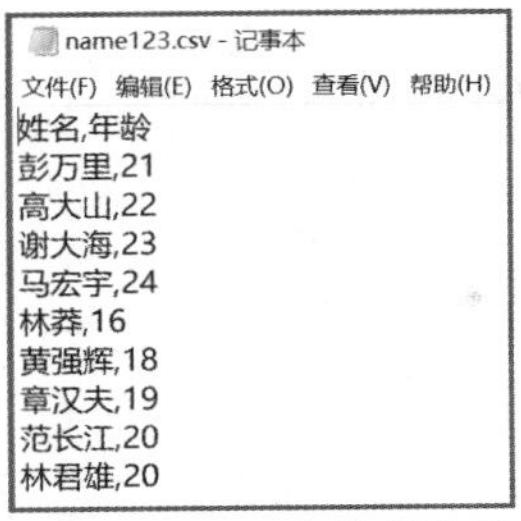

图 4-8　"name123.csv" 文件保存的数据和格式

注意，该文件要被保存为 utf-8 格式，只要符合 CSV 文件格式的结构和内容要求，有表头和对应的记录即可。

【动动手练习 4-10】　将 DataFrame 数据导入 MySQL 数据库

```python
#-*- coding:utf-8 -*-
import pymysql  #导入 pymysql 模块
import pandas as pd
from sqlalchemy import create_engine  #导入 sqlalchemy 创建引擎
#数据库 connection 对象
conn = pymysql.connect(
    user='root',
    password='123456',
    host='127.0.0.1',  #IP 地址
    port=3306,  #端口
    charset='utf8',
    database='aaa_database'
)
cursor = conn.cursor()  #创建游标对象
filepath='d:\\data\\name123.csv'  #数据文件
df = pd.read_csv(filepath)  #将 CSV 文件读取为 DataFrame
print(df)
#创建引擎对象
engine =create_engine('mysql+pymysql://root:123456@localhost/aaa_database?charset=utf8')
df.to_sql('user2',engine)
conn.commit()
```

运行程序后，在 MySQL 窗口中可以看到数据库生成了表 user2，如图 4-9 所示。

图 4-9　将 DataFrame 数据写入 MySQL 数据库

程序中的新语句说明如下。

① sqlalchemy 中 create_engine 的一般格式如下。

```
engine = create_engine('dialect+driver://username:password@host:port/
database')
```

各参数说明如下。

- dialect：数据库类型。
- driver：数据库驱动模块。
- username：数据库用户名。
- password：用户密码。
- host：服务器地址，为 localhost 或 127.0.0.1 或其他存放数据库的 IP（不必加引号）。
- port：端口。
- database：数据库。

对应的实例如下。

```
engine = create_engine('mysql+pymysql://root:123456@localhost/aaa_database?
charset=utf8')
```

其中，数据库类型为 mysql；数据库驱动模块为 pymysql；数据库用户名为 root；用户密码为 123456；服务器地址为 localhost；端口为默认；数据库为 aaa_database。

② 创建新表并将 DataFrame 数据保存到新表中，一般格式如下。

```
df.to_sql('user2',engine)
```

新表必须是在数据库 aaa_database 中不存在的，否则就会出错。这个新表会按 DataFrame 的结构生成。如果 DataFrame 有索引项，新表也会有一个 index 字段。

如果仅希望将 DataFrame 的部分列存入 MySQL 数据库，可先处理好 DataFrame 再将其保存到 MySQL 数据库。

第 5 章　Matplotlib 可视化模块

Matplotlib 是基于 NumPy 的一套 Python 工具包，因此调用 Matplotlib 包必须预先安装 NumPy 软件包。Matplotlib 包提供了丰富的数据绘图工具，主要用于绘制一些统计图形。通过绘图，我们可以将枯燥的数字转换成容易被人们接受的图表。

5.1　确定画布的大小和格局

5.1.1　主画布的设置

Matplotlib 通过 figure()函数设置主画布的大小，注意在绘制图形之前设置画布大小才有效。一般将 figure()函数放在绘制 plt 图形的第一条。如果没有特殊需要，可以不改变画布大小或不使用该设置，采用默认设置。因为自行设置画布的大小后显示的图形标签可能会出现一些问题，所以需要重新调试设置才可完整显示。

1．figure()函数的语法说明

figure()函数的语法格式如下。

```
figure(num=None,figsize=None,dpi=None,facecolor=None,edgecolor=None,frameon=
True)
```

参数说明如下。

① num：图像编号或名称，数字为编号，字符串为名称。

② figsize：指定 figure 的宽和高，单位为英寸，例如 figsize=(4, 4)，表示以 4 英

寸为长、4 英寸为宽创建一个窗口。

③ facecolor：背景颜色。

④ edgecolor：边框颜色。

⑤ frameon：用于判断是否显示边框。

2. 主画布的设置

设置主画布的代码如下。

```
import matplotlib.pyplot as plt
#创建自定义图像
fig=plt.figure(figsize=(4,3),facecolor='blue',edgecolor='r')
plt.show()
```

3. Matplotlib 的常用颜色表示法

Matplotlib 的常用颜色表示法见表 5-1。

表 5-1　常用颜色表示法

颜色	英文字母表示	简写	颜色	英文字母表示	简写
红色	red	r	绿色	green	g
蓝色	blue	b	黄色	yellow	y
黑色	black	k	蓝绿色	cyan	c
白色	white	w	洋红	magenta	m
橙色	orange	无	紫色	purple	无

该颜色表示法适用于 Matplotlib 颜色设置的任何语句。

5.1.2　Matplotlib 属性的设置

Matplotlib 属性可通过 rcParams 及其参数进行设置。

1. 线条样式的设置方法

（1）线条样式的设置方法如下。

- plt.rcParams['lines.linestyle']='-.'：设置线条样式，如"-."为虚线点、"-"为实线。
- plt.rcParams['lines.linewidth']=3：设置线条宽度。
- plt.rcParams['lines.color']='blue'：设置线条颜色。
- plt.rcParams['lines.marker']=None：默认标记。

- plt.rcParams['lines.markersize']=6：设置标记大小。
- plt.rcParams['lines.markeredgewidth']=0.5：设置标记附近的线宽。

（2）横、纵轴的设置方法如下。

- plt.rcParams['xtick.labelsize']：设置横轴（x 轴）字体大小。
- plt.rcParams['ytick.labelsize']：设置纵轴（y 轴）字体大小。
- plt.rcParams['xtick.major.size']：设置横轴（x 轴）的最大刻度。
- plt.rcParams['ytick.major.size']：设置纵轴（y 轴）的最大刻度。

（3）子图的设置方法如下。

- plt.rcParams['axes.titlesize']：设置子图的标题大小。
- plt.rcParams['axes.labelsize']：设置子图的标签大小。

2．线条样式的设置实例

设置线条样式的示例代码如下。

```
import matplotlib.pyplot as plt

plt.rcParams['font.sans-serif']=['SimHei'] #显示中文标签

plt.rcParams['axes.unicode_minus']=False    #显示负号

plt.rcParams['figure.figsize'] = (16.0, 10.0) #调整生成的图表的最大尺寸

plt.rcParams["axes.labelsize"]=10    #将子图中所有 x 和 y 标签的字体大小改为 10

plt.rcParams['lines.linestyle'] = '-.'    #设置线条样式

plt.rcParams['lines.linewidth'] = 3   #设置线条宽度

plt.rcParams['lines.color']='blue'

print(plt.rcParams.keys())
```

调用 plt.rcParams.keys()方法可获取 rcParams 的全部参数及默认值。

5.1.3　增加子图

在主画布上增加子图的方法有以下两种。

第一种方法，使用 plt.subplot()方法直接在 plt 上画子图，不必预先定义主画板。也可以把 plt.subplot(2,3,1)简写为 plt.subplot(231)，表示把显示界面分割成 2*3 的网格。其中，第一个参数是子图的总行数，第二个参数是子图的总列数，第三个参数表示图形的标号（即子图的位置），标号从 1 开始。

第二种方法，先定义主画布(如 fig)，然后在主画布上增加子图,如 fig.add_subplot (2,3,2)。

【动动手练习 5-1】 增加子图

```python
#-*- coding:utf-8 -*-
import numpy as np
import matplotlib.pyplot as plt


fig=plt.figure()    #定义主画布
t=np.arange(0.0,2.0,0.1)         #生成一个数组
s=np.sin(t*np.pi)    #2×np.pi 就相当于 2π


ax1=fig.add_subplot(2,2,1)      #要生成两行两列，这是第一个子图
ax1.plot(t,s,'--b')       #绘制蓝色曲线，颜色与线条定义无固定顺序
ax1.set_title('张三')    #设置标题
ax1.set_ylabel('y1')     #设置 y 轴标签
ax2=fig.add_subplot(2,2,2)       #生成两行两列，这是第二个子图
ax2.plot(2*t,s,'r-')            #绘制红色实线
ax2.set_title('李四')
ax2.set_ylabel('y2')
ax3=fig.add_subplot(2,2,3)       #生成两行两列，这是第三个图
ax3.plot(3*t,s,'m-.')        #绘制品红点线
ax3.set_title('王五')
ax3.set_ylabel('y3')
ax4=fig.add_subplot(2,2,4)       #生成两行两列，这是第四个图
ax4.plot(4*t,s,'k*')          #绘制黑色五角星的点
ax4.set_title('马六')
ax4.set_ylabel('y4')
plt.suptitle('这里有四个人',color='r')
#解决中文显示问题
plt.rcParams['font.sans-serif']=['SimHei']
plt.rcParams['axes.unicode_minus']=False


plt.tight_layout()     #解决子图标题重叠问题，标题显示恢复正常
plt.show()
```

运行程序的结果如图 5-1 所示。

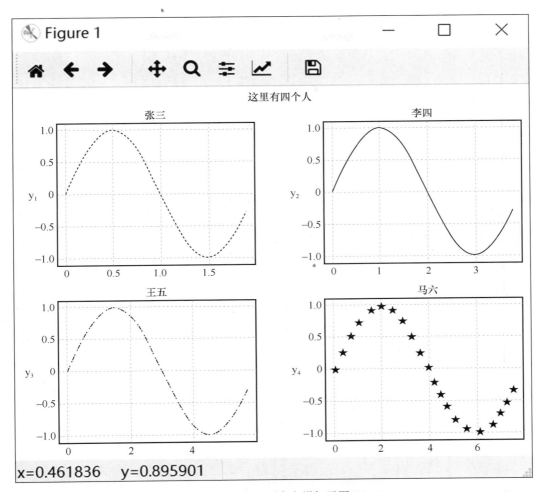

图 5-1　在主画布上增加子图

5.1.4　解决子图标题重叠问题

plt.tight_layout()方法会自动调整子图参数，使子图填充整个图像区域。这是个实验特性，可能在一些情况下不工作。它仅仅检查坐标轴标签、刻度标签以及标题的部分。

不使用 plt.tight_layout()方法时，【动动手练习 5-1】中的 4 个子图标签的显示会发生折叠，如图 5-2 所示。

在单一图示标签显示不完整的情况下，也可以使用 plt.tight_layout()方法使标题的显示恢复正常。

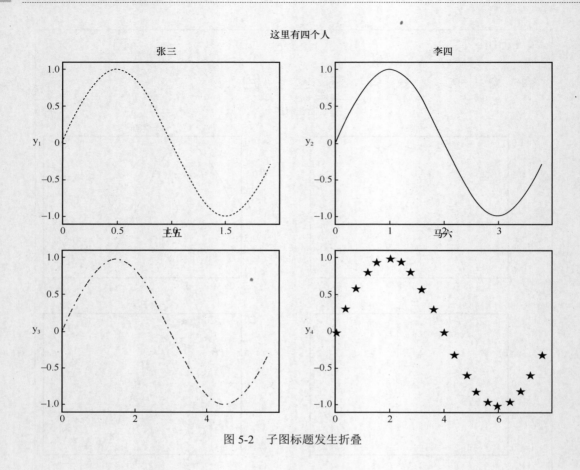

图 5-2　子图标题发生折叠

5.2　绘制折线图和散点图

　　折线图和散点图是数据分析中最常用的两种图形，可以使用 plt.plot()函数绘制这两种图形。其中，折线图用于分析自变量和因变量的趋势关系，适用于显示随时间变化的连续数据，还适用于比较数据的差异、增长情况。

5.2.1　plt.plot()函数的语法与基本使用方法

　　plt.plot()函数的语法格式如下。

```
plt.plot(x,y,[linestyle=]'-',color=None,linewidth=1,**kwargs)
```

　　plt.plot()函数是 Matplotlib 绘制图形的主要语句，其常用参数及说明见表 5-2。

表 5-2　plt.plot()函数的常用参数及说明

参数	接收值类型	说明	默认值
x，y	array	表示 x 轴和 y 轴对应的数据	无
color	string	表示折线或点的颜色	None
marker	string	表示折线上数据点的类型	None
linestyle	string	表示绘制的线型	—
linewidth	数值	表示线条粗细	1
alpha	0～1 的小数	表示点的透明度	None
label	string	表示数据图例内容	None

参数 linestyle 和 marker 均接收一个字符串，用于确定绘制图形的线条样式。线条样式见表 5-3。

表 5-3　线条样式

序号	参数	注释	序号	参数	注释
1	-	连续的曲线	10	s	用正方形标记散点图
2	--	连续的虚线	11	p	用五角星标记散点图
3	-.	连续带点的曲线	12	v	用下三角标记散点图
4	:	由点连成的曲线	13	^	用上三角标记散点图
5	.	由小点组成的散点图	14	h/H	用多边形标记散点图
6	o	由大点组成的散点图	15	d/D	用钻石标记散点图
7	,	由像素点（更小的点）组成的散点图	16	>/<	用右（左）角标记散点图
8	*	由五角星的点组成的散点图	17	x	用叉号组成的散点图
9	1(2,3,4)	用伞形上（下左右）标记散点图	18	_	用下画线标记散点图

注："-""--""-."":"可用于绘制折线图，其他参数可用于绘制散点图。

一般我们在使用 plt.plot()函数绘制折线图时，最简单的方式就是只定义 3 个参数（如果还要定义其他参数，可通过参数=值的方式补充）。plt.plot()函数的第一个参数表示横坐标数据；第二个参数表示纵坐标数据；第三个参数是一个字符串集合，表示颜色、线型和标记样式等。例如：plt.plot(x,y,'r-.v')。

其中，第三个参数字符串集合常用的内容如下。

- 颜色常用的值有 r/g/b/c/m/y/k/w，可查看表 5-1。
- 形成折线图的线型常用的值有-/--/:/-.，即 linestyle 确定的部分，样式可查看表 5-3。
- 折线图点的标记样式常用的值有./,/o/v/^/s/*/D/d/x/</>/h/H/1/2/3/4/_/|，即 marker 确定的部分。

【动动手练习 5-2】 绘制折线图

```
import matplotlib.pyplot as plt
#创建自定义图像
fig=plt.figure('plot折线图',figsize=(4,3),facecolor='m',edgecolor='r')
month=list(range(1,13))
money=[5.2,2.7,5.8,5.7,7.3,9.2,
18.7,15.6,20.5,18.0,7.8,6.9]
plt.plot(month,money,'r-.v')    #r 代表红色，-.表示连续的带点的曲线；v 表示用下三角标记
散点图
plt.show()
```

运行结果如图 5-3 所示。

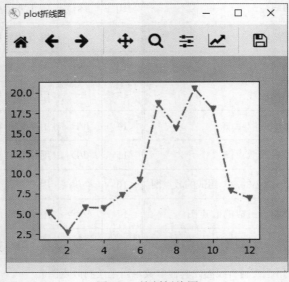

图 5-3 绘制折线图

如果要求线型颜色为红色，数据点处的形状为绿色，怎么办呢？思路应该是，先考虑 plt.plot()函数能否分别设置 linestyle 和 marker 不同颜色的参数，但是 plt.plot()函数没有这样的功能，只能设置一个颜色参数。那么可以使用两次 plt.plot()函数，一次

绘制红色的线，另一次绘制绿色的点。

5.2.2　图形的主要设置

图形的主要设置包括中文显示和负号显示、图标题、轴标签与图例等。

1．设置中文显示和负号显示

设置中文显示和负号显示的代码如下。

```
from pylab import mpl

mpl.rcParams['font.sans-serif'] = ['SimHei']   #中文显示正常

mpl.rcParams['axes.unicode_minus'] = False      #负号显示正常
```

或者用以下代码。

```
import matplotlib.pyplot as plt

plt.rcParams['font.sans-serif']=['SimHei']      #中文显示正常

plt.rcParams['axes.unicode_minus']=False        #负号显示正常
```

前一种设置方法可在绘图前使用。后一种设置方法应在绘图后、plt.show()函数前使用。如果按照以上两种方法仍不能在图形中正常显示中文，则应在 title.xlabel、title.ylabel 等有标签显示处设置 fontproperties 参数。下面以设置标题文本为例进行说明。

```
plt.title('标题',fontproperties='stkaiti',   #设置中文字体
        fontsize=16,   #设置字体大小
              rotation='horizontal')          #设置文字方向，可以令 rotation 等于数值，
表示显示角度
```

其中，fontproperties 可选宋体、黑体、楷体、华文楷体等。

2．设置图标题及 x、y 轴的标题（轴标签）

设置 x、y 轴的标题的一般格式如下（设置图标题的格式见下一个例子）。

```
plt.xlabel('X 轴的标签')

plt.ylabel('Y 轴的标签')
```

【动动手练习 5-3】　设置图标题和轴坐标标题

```
#-*- coding:utf-8 -*-

import matplotlib.pyplot as plt

import matplotlib as mpl

mpl.rc('font', size=16)   #设置显示标题、标签的文字和字号
```

```
fig=plt.figure('plot 折线图',figsize=(8,6),facecolor='w',edgecolor='r')
month=list(range(1,13))
money=[5.2,2.7,5.8,5.7,7.3,9.2,18.7,15.6,20.5,18.0,7.8,6.9]
plt.plot(month,money,'r-.v')    #r表示红色, -.表示连续带点的曲线; v表示用下三角标记散
点图
plt.rcParams['font.sans-serif']=['SimHei']     #中文显示正常
plt.rcParams['axes.unicode_minus']=False        #负号显示正常
#设置图形标题
plt.title('每月销售情况')
#设置x、y轴的标题, x轴显示的值为月份
plt.xlabel('月份')
plt.ylabel('销售额/万元')
plt.grid(True)     #设置背景网格
plt.show()
```

运行结果如图 5-4 所示。

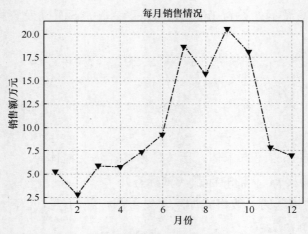

图 5-4　设置图标题及 x、y 轴的标题

3. 设置图例

设置图例的一般格式如下。

```
plt.legend(loc)
```

loc 参数的功能是设置图例的位置，默认在最优位置，既可以使用字符串表示，也可以使用数值表示。plt.legend()函数的参数位置见表 5-4。

表 5-4　plt.legend()函数的参数位置

位置	字符串	数值
最优的位置	best	0
右上角	upperright	1
左上角	upperleft	2
左下角	lowerleft	3
右下角	lowerright	4
中间靠右	right	5
中间靠左	centerleft	6
中间靠右	centerright（与 right 相同）	7
中间靠下	lowercenter	8
中间靠上	uppercenter	9
正中间	center	10

【动动手练习 5-4】　设置图例

```
#-*- coding:utf-8 -*-
import matplotlib.pyplot as plt
from pylab import mpl
mpl.rc('font', size=18)
fig=plt.figure('plot折线图', figsize=(8,6), facecolor='m',edgecolor='r')
month=list(range(1,13))
money=[5.2,2.7,5.8,5.7,7.3,9.2,18.7,15.6,20.5,18.0,7.8,6.9]
money1=[i+2 for i in money]
plt.plot(month,money,'r-v',label='张三')    #r 表示红色, -表示连续的曲线; v 表示用下
三角标记散点图
plt.plot(month,money1,'b:*',label='李四')    #再绘制一条曲线（可以增加任意多条）

plt.rcParams['font.sans-serif']=['SimHei']
plt.rcParams['axes.unicode_minus']=False
#设置标题
plt.title('每月销售情况')
#设置 x、y 轴的标题, x 轴显示的值为月份
plt.xlabel('月份')
```

```
plt.ylabel('销售额/万元')
plt.grid(True)    #设置背景网格
#设置图例位于左上角
plt.legend(loc='upperleft')    #plt.legend(loc=2)
plt.show()
```

运行结果如图 5-5 所示。

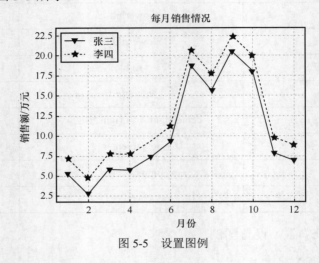

图 5-5　设置图例

设置图例时，一定要注意，在 plt.plot(month,money,'r-v',label='张三')语句中要设置 label 参数，增加数据图例内容，否则图例中就不显示内容了。

5.2.3　设置 *x*、*y* 轴坐标刻度

1．plt.xticks()和 plt.yticks()方法

plt.xticks()和 plt.yticks()方法分别用于设置 *x*、*y* 轴的刻度和标签，两种方法的参数是相同的，下面只以 *x* 轴坐标刻度的设置为例进行介绍。

设置 *x* 轴坐标刻度的一般格式如下。

```
plt.xticks(locs,[labels],**kwargs)
```

其中，locs 参数是一个数组，用于设置 *x* 轴刻度间隔；可选参数[labels]也是一个数组，用于设置每个间隔的显示标签，默认其标签与 *x* 轴刻度相同；**kwargs 是 Python 中字典形式的不定长可变参数，可用于设置标签字体倾斜度和颜色等。

【动动手练习 5-5】　设置 *x*、*y* 轴坐标刻度

```
import matplotlib.pyplot as plt
plt.rcParams['font.sans-serif']=['SimHei']
```

```
colums_x=range(1,6)
colums_y=[12,14,10,16,11]
plt.plot(colums_x,colums_y)
kd=['星期一','星期二','星期三','星期四','星期五']
plt.xticks(colums_x,kd,color='r',rotation=60)
plt.ylabel('纵坐标系（数值刻度）')
plt.xlabel('横坐标系（文字刻度）')
plt.title('设置 x、y 轴坐标刻度')
plt.show()
```

运行结果如图 5-6 所示。

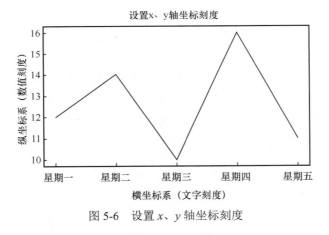

图 5-6　设置 *x*、*y* 轴坐标刻度

rotation 用于设置标签的旋转角度，color 用于设置标签的颜色，省略这两个参数则采用默认方式。

2．设置子图的 *x*、*y* 轴坐标的旋转角度和字体大小

在子图中无法直接使用 plt.xticks()方法设置旋转角度和字体大小，需要使用其他命令实现该功能。设置子图名称为 ax1，*x* 轴刻度标签为 x1，旋转 45°，字体大小为 12 号，代码如下。

```
ax1.set_xticklabels(x1, rotation=45, ha='right',fontsize=12)
```

y 轴刻度标签的设置操作相同，只需执行 ax1.set_yticklabels()方法。

3．设置子图的轴标签

设置子图的 *y* 轴标签的一般格式如下。

```
ax1.set_ylabel('大数据-专业',rotation=45, ha='right',fontsize=12,color='r')
```

可以按照上面的格式设置 *x* 轴标签。

5.2.4　在图上添加注释

在图上添加注释有两种方法，分别是使用 plt.text()函数和 plt.annotate()函数。

1．使用 plt.text()函数添加注释。

使用 plt.text()函数添加注释的格式如下。

```
plt.text(x,y,string,color="b", fontsize=15,va="top",ha="right")
```

各参数说明如下。

① x：注释文本内容所在位置的横坐标。

② y：注释文本内容所在位置的纵坐标。

③ string：注释文本内容。

④ color：注释文本内容的字体颜色。

⑤ fontsize：表示字体大小。

⑥ va：垂直对齐方式，可选参数为"center""top""bottom""baseline"。

⑦ ha：水平对齐方式，可选参数为"center""right""left"。

【动动手练习 5-6】 　在每一个 x 轴标签上显示 y 轴的数值

```
#-*- coding:utf-8 -*-
import matplotlib.pyplot as plt
plt.rcParams['font.sans-serif']=['SimHei']
colums_x=range(1,6)
colums_y=[12,14,10,16,11]
plt.plot(colums_x,colums_y)
kd=['星期一','星期二','星期三','星期四','星期五']
plt.xticks(colums_x,kd,color='r',rotation=60)
plt.ylabel('纵坐标系（数值刻度）')
plt.xlabel('横坐标系（文字刻度）')
plt.title('在 x 轴标签上显示 y 轴的数值')
i=0
for x,y in zip(colums_x,colums_y):
    plt.text(x+0.1,y,kd[i]+':'+str(y),color='g')      #显示注释
    i+=1
plt.show()
```

显示结果如图 5-7 所示。

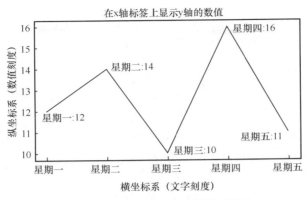

图 5-7　使用 plt.text()函数添加注释

2．使用 plt.annotate()函数在图形中添加复杂注释

使用 plt.annotate()函数在图形中添加复杂注释（包括箭头符号）的一般格式如下。

```
plt.annotate(s, xy, xytext=None, xycoords='data', textcoords=None, arrowprops=
None, annotation_clip=None, **kwargs)
```

常用参数说明如下。

① s：取值为 str，表示注释信息内容。

② xy：取值为（float, float），表示箭头点所在的坐标位置。

③ xytext：取值为（float, float），表示注释内容的坐标位置。

④ textcoords：设置注释文本的坐标系属性，即相对于被注释点 xy 的偏移量是点偏移还是像素偏移。可取值为"offset points"或者"offset pixels"，分别为点偏移和像素偏移的意思。

⑤ weight：设置字体线型（由**kwargs 自行添加），可选参数为{'ultralight', 'light', 'normal', 'regular', 'book', 'medium', 'roman', 'semibold', 'demibold', 'demi', 'bold', 'heavy', 'extra bold', 'black'}。

⑥ color（由**kwargs 自行添加）：设置字体颜色，单个字符可选项有{'b', 'g', 'r', 'c', 'm', 'y', 'k', 'w'}。

⑦ arrowprops：箭头参数，以字典的形式设置箭头的样式。常用的样式参数如下。

• width：箭头的宽度（以点为单位）。

• headwidth：箭头底部的宽度（以点为单位）。

• headlength：箭头的长度（以点为单位）。

• shrink：总长度的一部分，从两端"收缩"，即设置箭头顶点、尾部与指示点、注释文字的距离（比例值），可以被理解为控制箭头的长度。

• facecolor：箭头颜色。

【动动手练习 5-7】 添加箭头指示

```
#-*- coding:utf-8 -*-
import matplotlib.pyplot as plt
import numpy as np
plt.rcParams['font.sans-serif']=['SimHei']
data=np.random.randint(0,10,size=10)
index=np.arange(0,10,1)
x_max=np.argmax(data)    #求 ndarray 最大值的索引
x_min=np.argmin(data)    #求 ndarray 最小值的索引
plt.plot(index,data)
plt.annotate(s="plt 注释:最大值",xy=[x_max,data.max()],color='r',xytext= [x_max-5,
data.max()],arrowprops={"width":2,'shrink':0.3})
plt.annotate(s="plt 注释:最小值",xy=[x_min,data.min()],color='m',xytext= [x_min-5,
data.min()],arrowprops={"width":1,'shrink':0.3})
plt.ylabel('纵坐标系（数值刻度）')
plt.xlabel('横坐标系（数值刻度）')
plt.title('在图形上动态添加箭头注释')
plt.show()
```

程序最不容易调试的部分在 plt.annotate()函数中，即最大值箭头位置 xy = [x_max, data.max()]和文本位置 xytext = [x_max-5, data.max()]的确定，最小值位置亦同样。添加箭头指示的效果如图 5-8 所示。

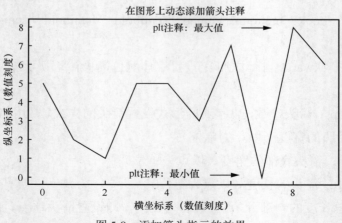

图 5-8　添加箭头指示的效果

5.2.5 使用 plt.plot()函数绘制散点图

通过前面的练习，我们知道形成折线图线型的参数有-/--/:/-.，在 plt.plot()的第三个字符串参数中设置点的形状，折线图就成了散点图。

【动动手练习 5-8】 绘制散点图

```python
import matplotlib.pyplot as plt
plt.rcParams['font.sans-serif']=['SimHei']
#创建自定义图像
fig=plt.figure('plot散点图',figsize=(6,4),facecolor='m',edgecolor='r')
month=list(range(1,13))
money=[5.2,2.7,5.8,5.7,7.3,9.2,18.7,15.6,20.5,18.0,7.8,6.9]
money1=[i+2 for i in money]
plt.plot(month,money,'rv',label='张三')        #散点图
plt.plot(month,money1,'b*',label='李四')        #散点图
plt.legend(loc=2)
plt.show()
```

运行结果如图 5-9 所示。

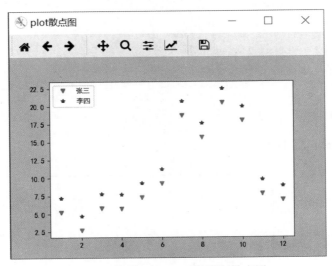

图 5-9 使用 plt.plot()函数绘制散点图

除了使用 plt.plot()函数，Matplotlib 还提供了 plt.scatter()函数专门用于绘制散点图。

5.3　使用 plt.scatter()函数绘制散点图

使用 plt.scatter()函数绘制散点图的一般格式如下。

```
plt.scatter(x,y,s=None,c=None,marker=None,cmap=None,norm=None,vmin=None,
vmax=None,alpha=None,linewidths=None,verts=None,edgecolors=None,hold=None,data=
None,**kwargs)
```

常用参数说明如下。

① x,y：接收数组，表示 x 轴和 y 轴对应的数据。作用与 plt.plot()函数相同。

② s：点的大小，可以以列表形式传入多个值，依次改变点大小输出。

③ c：点的颜色，可以传入多个值[也可以传入多个列表（多维数组），还可以传入多个元组]间隔输出。

④ marker：点的形状。

⑤ cmap：颜色映射。

⑥ alpha：透明度（0～1 的小数）。

【动动手练习 5-9】　使用 plt.scatter()函数绘制散点图

```
import matplotlib.pyplot as plt
import numpy as np
x=np.arange(1,11)    #只要是可迭代形式
y=range(1,21,2)      #x、y 的长度相等
plt.scatter(x,y)
plt.scatter(x,y,s=[130,400],c=['r','b','g'],marker="*",alpha=0.8)
plt.show()
```

运行结果如图 5-10 所示。

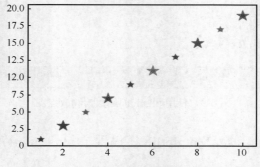

图 5-10　使用 plt.scatter()函数绘制散点图

5.4　使用 plt.bar()函数绘制条形图

条形图又称为柱状图,用于显示一段时间内数据的变化或显示各项之间的比较情况。根据数据值的大小绘制的条形图,主要用于比较两个或两个以上数据(时间或类别)。

5.4.1　plt.bar()函数的语法与参数

plt.bar()函数的一般格式如下。

```
plt.bar(left,height,width=0.8,bottom=None,**kwargs)
```

设置条形图的参数如下(在一般格式中未指明的参数均可由**kwargs 自行添加)。

(1)条形数值的设置参数如下。

- left: x 轴的位置序列。
- height: y 轴的数值序列,也就是条形图的高度。

(2)颜色的设置参数如下。

- color: 条形图的填充颜色。

(3)描边的设置参数如下。

- edgecolor(ec): 边缘颜色。
- linestyle(ls): 边缘样式。
- linewidth(lw): 边缘粗细。

(4)填充的设置参数如下。

- hatch: 可取值有/、\、|、-、+、x、o、O、.、*等。
- width: 条形图的宽度,默认为 0.8。
- bottom: 设置条形图的底的起点位置。

(5)位置标志:tick_label。

5.4.2　绘制堆叠条形图

与并排显示分类的分组条形图不同,堆叠条形图将每个长方形进行分割以显示相同类型下各个数据的情况。它可以形象地展示一个大分类包含的每个小分类的数据,以及各个小分类的占比,显示单个项目与整体之间的关系。

plt.bar()函数中的 bottom 属性用于设置条形图的底的起点位置，因此通过 bottom 参数，可以轻松绘制堆叠条形图。

【动动手练习 5-10】 绘制堆叠条形图

```python
import matplotlib.pyplot as plt
import numpy as np
size=5
x=np.arange(size)
a=np.random.random(size)
b=np.random.random(size)
plt.bar(x,a,label='a')
#改变 bottom，即改变条形图的底的起点位置
plt.bar(x,b,bottom=a,label='b')
plt.legend()
plt.ylabel('纵坐标系（数值标记）')
plt.xlabel('横坐标系（数值标记）')
plt.title('堆叠条形图')
plt.show()
```

运行结果如图 5-11 所示。

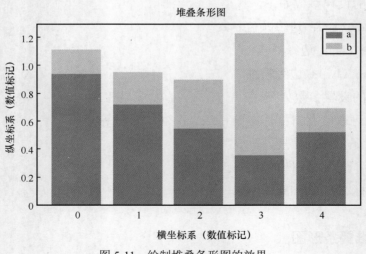

图 5-11 绘制堆叠条形图的效果

从堆叠条形图中，我们可以清晰地看到在每个 x 节点上，a 与 b 的占比，也能看到 a 与 b 的和。

5.4.3　绘制并列条形图

并列条形图就是将不同数据集并列显示，直观反映数据集之间的差异。给 plt.bar() 函数中的 left 属性添加偏移量可以绘制并列条形图。

【动动手练习 5-11】　绘制并列条形图

```
#-*- coding: utf-8 -*-
import matplotlib.pyplot as plt
import numpy as np
import matplotlib as mpl
mpl:rc('font', size=16)    #统一设置标题、标签的文字和字号
#创建自定义图像
fig=plt.figure(figsize=(8,6),facecolor='m',edgecolor='r')
size=5
x=np.arange(size)
a=np.random.random(size)
b=np.random.random(size)
total_width,n=0.8,2
width=total_width/n
x=x-(total_width-width)/2
plt.bar(x,a,width=width,label='a')
plt.bar(x+width,b,width=width,label='b')
#left=x+width，绘制并列条形图
plt.legend()
plt.ylabel('纵坐标系（数值标记）')
plt.xlabel('横坐标系（数值标记）')
plt.title('并列条形图')
plt.show ()
```

运行结果如图 5-12 所示。

如果并列多项，就按照 width 的倍数，改变 left=x+width 的值。如果放置 3 个并列条形图，就在 plt.bar(x+width,b,width=width,label='b')语句中，将 left 改为 x+2width；如果放置 4 个并列条形图，就改为 x+3width。同样的道理，堆叠条形图多项堆叠时，则修改 bottom 的值。

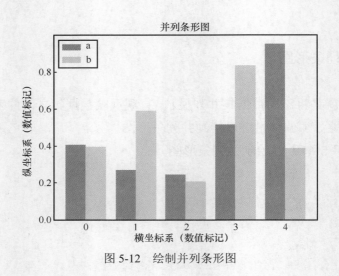

图 5-12　绘制并列条形图

5.4.4　绘制条形图（横图）

条形图一般是竖图形式，如果将条形图变为横图形式，则应使用 plt.barh()函数，其参数类似 plt.bar()函数。plt.barh()函数的一般格式如下。

```
plt.barh(bottom,width,height=0.8,left=None,**kwargs)
```

【动动手练习 5-12】　绘制条形图（横图）

```
#-*- coding: utf-8 -*-
import matplotlib.pyplot as plt
import numpy as np
import matplotlib as mpl
mpl.rc('font', size=16)    #统一设置标题、标签的文字和字号
#创建自定义图像
fig=plt.figure(figsize=(8,6))
data=np.random.randint(1,25,5)       #产生 5 个 1～25 的随机整数
plt.barh(range(len(data)),data)      #绘制横图，以[0- len(data)]为 y 轴数值，data 为
x 轴数值
#显示各横条的值
for a, b in zip(range(len(data)),data):
    plt.text(b+0.5, a, b, ha='center', va='top')
plt.ylabel('纵坐标系（数值标记）')
plt.xlabel('横坐标系（数值标记）')
```

```
plt.title('条形图（横图）')
plt.show ()
```

运行结果如图 5-13 所示。

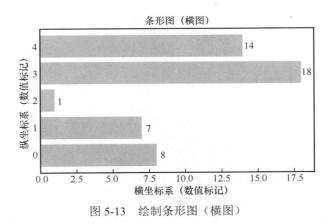

图 5-13　绘制条形图（横图）

使用 plt.barh() 函数时，可以将其看成 plt.bar() 函数的旋转，使用方法完全一样。

5.4.5　绘制正负条形图

正负条形图就是以零值为分界点，两组数据，一组为正值，另一组为负值，实现左右分列。例如客户满意度的调查数据有正面评价和负面评价，这很适合用正负条形图，所有数据以 0 点对齐，正面的评价数据分布在 0 点右侧，负面的评价数据分布在 0 点左侧。

【动动手练习 5-13】　绘制正负条形图

```
#-*- coding: utf-8 -*-
import matplotlib.pyplot as plt
import numpy as np
import matplotlib as mpl
mpl.rc('font', size=16)    #统一设置标题、标签的文字和字号
#创建自定义图像
fig=plt.figure(figsize=(8,6))
plt.rcParams['font.sans-serif'] = ['SimHei']        #中文正常显示
plt.rcParams['axes.unicode_minus'] = False          #负号正常显示
a=np.array([5,20,15,25,10])        #正面评价数
b=np.array([10,15,20,15,5])        #负面评价数
plt.barh(range(len(a)),a,color='y',label='正面评价')
```

```
plt.barh(range(len(b)),-b,color='k',label='负面评价')
plt.legend()
plt.ylabel('纵坐标系（数值标记）')
plt.xlabel('横坐标系（数值标记）')
plt.title('正负条形图')
plt.show ()
```

运行结果如图 5-14 所示。

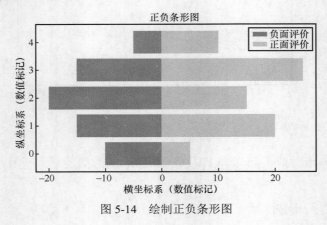

图 5-14 绘制正负条形图

如果用人名代替 range(len(a)) 和 range(len(b))，可以绘制图 5-15 所示带有人名的正负条形图。

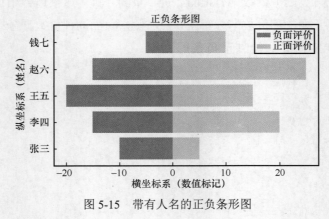

图 5-15 带有人名的正负条形图

5.5 使用 plt.hist() 函数绘制直方图

直方图是一种统计报告图，用一系列高度不等的纵向条纹或线段表示数据分布的情况。直方图一般用横轴表示数据类型，用纵轴表示数据的分布情况。

5.5.1　直方图与条形图的区别

直方图从形式上看类似条形图，但实际上，它们是两种完全不同的图形。

条形图和直方图的区别如下。

1．概念不同

条形图：用长方形表示每一个类别，长方形的长度表示类别的频数。

直方图：一种统计报告图，形式上也是一个个长方形，但是直方图用长方形的面积表示频数。所以长方形的高度表示频数/组距，宽度表示组距，其长度和宽度均有意义。当宽度相同时，一般就用长方形长度表示频数。

2．形式不同

条形图：用宽度相同的长方形的高度或长短（横向）表示数据的多少。条形图中各长方形之间留有空隙，用于区分不同的类。

直方图：由一系列高度不等的纵向长方形或线段表示数据分布的情况。直方图中的各个长方形是衔接在一起的，表示数据间的数学关系。

3．特点不同

条形图：可以横置也可以纵置，纵置时也称为柱形图。此外，条形图有简单条形图、复式条形图等形式。

直方图：可以被归一化以显示"相对"频率，其显示了属于几个类别中的每个案例的比例，高度等于 1。

4．用途不同

条形图：是统计图中最常用的图形。条形图一般用于描述名称（类别）数据或顺序数据。

直方图：用户通过观察直方图的形状，可以判断生产过程是否稳定，预测生产过程的质量。直方图一般用于描述等距数据。

5.5.2　绘制直方图的一般格式

绘制直方图的一般格式如下。

```
plt.hist(x,bins=None,range=None, density=None, bottom=None, histtype='bar',
align='mid', log=False, color=None, label=None, stacked=False,**kwargs)
```

其中，常用参数说明如下。

① x：数据集，直方图是对数据集进行统计。

② bins：统计数据的区间分布。

③ range：取值为元组，表示显示的区间，没有给出 bins 时 range 参数才生效。

④ density：取值为布尔值，默认为 False，显示的是频数统计结果，如果取值为 True 则显示频率的统计结果。频率统计结果=区间数目/(总数*区间宽度)。

⑤ log：取值为布尔值，表示 y 轴是否选择指数刻度，默认为 False。

⑥ stacked：取值为布尔值，表示是否为堆积条形图，默认为 False。

plt.hist()函数有返回值，包括两个列表的 array 数组，第一个列表是频数统计数值，第二个列表是对应频数的 x 值。

【动动手练习 5-14】 绘制频数分布直方图

```
#-*- coding:utf-8 -*-
import matplotlib.pyplot as plt
import numpy as np
#设置 Matplotlib 正常显示中文和负号
plt.rcParams['font.sans-serif']=['SimHei']     #用黑体显示中文
plt.rcParams['axes.unicode_minus']=False       #负号正常显示
#随机生成服从正态分布的数据
data = np.random.randn(10000)


"""
绘制直方图
data: 必选参数，绘图数据
bins: 直方图的长方形数目，可选项，默认为 10
facecolor: 长方形的颜色
edgecolor: 长方形边框的颜色
alpha: 透明度
"""
list_d= plt.hist(data,bins=40, facecolor="blue", edgecolor="black", alpha=
0.7)   #取返回值
#显示横轴标签
plt.xlabel("区间")
#显示纵轴标签
plt.ylabel("频数")
```

```
#显示图标题
plt.title("频数分布直方图")
#显示各区间频数统计数值
for a, b in zip(list_d[1],list_d[0]):
    plt.text(a, b, int(b), ha='center', va='bottom')
print(list_d[1])

plt.show()
```

运行结果，如图 5-16 所示。

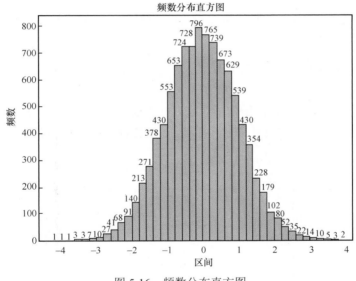

图 5-16　频数分布直方图

　　从图 5-16 可以发现，随机函数 np.random.randn(10000)产生的数据集中在 0 值，越靠近 0 值生成的数据量越大，最大数据区间的数据数量甚至达到了 796，接近总数据量的 8%。

　　随机函数 np.random.randn()的语法说明如下。

　　① 函数括号内没有参数时，返回一个浮点数。

　　② 函数括号内有一个参数时，返回值为 1 的数组，不能表示向量和矩阵。

　　③ 函数括号内有两个及以上参数时，返回对应维度的数组，能表示向量或矩阵。

　　随机函数 np.random.randn()可以用于返回一个或一组服从标准正态分布的随机样本值。标准正态分布是以 0 为均值、以 1 为标准差的正态分布。

　　标准正态分布曲线下的面积分布规律：在−1.96～1.96 内曲线下的面积等于 0.9500（即在这个范围的取值概率为 95%），在−2.58～2.58 内曲线下面积为 0.9900（即在这个范围的取值概率为 99%）。

因此，由随机函数 np.random.randn()产生的随机样本一般取值范围为−1.96～1.96，当然也不排除存在较大值的情形，只是概率较小。

5.6　绘制箱形图

箱形图是由美国统计学家约翰·图基发明的。它由最小值、下四分位数、中位数、上四分位数、最大值组成，是一种用于显示一组数据分散情况的统计图。在数据挖掘中，箱形图主要用于反映原始数据分布的特征，还用于比较多组数据的分布特征。

5.6.1　箱形图的组成、形状与作用

箱形图的绘制方法：首先找出一组数据的上界（上触须）、下界（下触须）、中位数和两个四分位数；然后连接两个四分位数画出箱体，中位数在箱体内；最后将上界、下界与箱体连接，如图 5-17 所示。

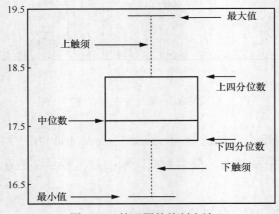

图 5-17　箱形图的绘制方法

1．箱形图的组成及形状解读

箱形图适用于连续变量。

（1）箱子的上边为上四分位数 Q3（75%分位数），下边为下四分位数 Q1（25%分位数），箱体中的横线为中位数 Q2（50%分位数）。

（2）箱子的大小取决于数据的四分位距（IQR），即 IQR=Q3−Q1。

50%的数据集中在四分位距内。若箱体太大，则表示数据分布离散，数据波动较

大；箱体小则表示数据集中，数据波动不大。

（3）箱子上触须的上界（上限值）是数据的最大值；下触须的下界（下限值）是数据的最小值（注意，非离群点的最大值和最小值，分别被称为上、下界）。上、下界的计算方法如下。

上界（上限值）：Max=Q3+1.5*IQR。

下界（下限值）：Min=Q1−1.5*IQR。

（4）数据值大于上限值或小于下限值，即数据值>（Q3+3*IQR）或数据值<（Q1−3*IQR），均被视为极值。在实际应用中，不会显示异常值与极值，而且一般将其统称为异常值。

- 若数据的最大值比上限值小，那么上触须顶点就是观察到的最大值；若数据的最大值比上限值大，那么上触须顶点就是上限值，观察到的最大值就是异常点。
- 若数据的最小值比下限值大，那么下触须顶点就是观察到的最小值；若数据的最小值比下限值小，那么下触须顶点就是下限值，观察到的最小值就是异常点。

（5）箱形图的偏度一般有对称分布、左偏分布、右偏分布和 U 形分布，如图 5-18 所示。

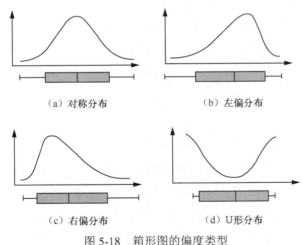

图 5-18　箱形图的偏度类型

① 对称分布：中位数在箱子中间，上下相邻值到箱子的距离相等，离群点在上下限值外的分布也大致相同。对称分布的数据集中在中位数附近。

② 左偏分布：中位数更靠近上四分位数，下相邻值到箱子的距离比上相邻值到箱子的距离长，离群点多数在下限值外。

③ 右偏分布：中位数更靠近下四分位数，上相邻值到箱子的距离比下相邻值到

箱子的距离长，离群点多数在上限值外。

④ U 形分布也是一种对称分布，只是多数数值偏向两边。

2．箱形图的作用

（1）反映一组数据的分布特征，例如，分布是否对称，是否存在离群点。

（2）对多组数据的分布特征进行比较。

（3）如果只有一个定量变量，我们很少用箱形图查看数据的分布，而是用直方图去观察。一般要与其余的定性变量绘制分组箱形图，用于对比。

总之，箱形图的作用就是发现数据异常值、偏态（偏离程度属于左偏还是右偏）和尾重（又称尾长，异常值越多说明尾部越重），以及展示数据的形状。

将箱形图用于质量管理、人事测评、探索性数据分析等活动，有助于简化分析过程。

5.6.2　绘制箱形图

绘制箱形图有 plt.plot.box()、plt.boxplot()方法，也可以直接使用 DataFrame 的 df.boxplot()方法，本书主要介绍 plt.boxplot()方法和 df.boxplot()方法。

1．plt.boxplot()方法

plt.boxplot()方法的一般格式如下。

```
plt.boxplot( x, notch=True or False,sym, vert=True or False, whis, positions,
widths, patch_artist=True or False, labels, showmeans=True or False, meanline=
True or False, showcaps=True or False,showbox=True or False,showfliers=True or
False, boxprops, flierprops,medianprops,meanprops, capprops, whiskerprops)
```

各个参数的说明如下。

x：该参数用于指定要绘制箱形图的数据，必选项。

notch：该参数用于指定是不是以凹口的形式展现箱形图，默认非凹口。

sym：该参数用于指定异常点的形状，默认以"o"显示。

vert：该参数用于指定是否需要将箱形图垂直摆放，默认垂直摆放。

whis：该参数用于指定上下触须与上下四分位数的距离，默认为 1.5 倍的四分位差。

positions：该参数用于指定箱形图的位置，默认为[0,1,2,…]。

widths：该参数用于指定箱形图的宽度，默认为 0.5。

patch_artist：该参数用于指定是否填充箱体的颜色。

labels：该参数用于为箱形图添加标签，类似于图例的作用。

showmeans：该参数用于指定是否显示均值，默认不显示。

meanline：该参数用于指定是否用线的形式表示均值，默认用点来表示。

showcaps：该参数用于指定是否显示箱形图顶端和末端的两条线，默认显示。

showbox：该参数用于指定是否显示箱形图的箱体，默认显示。

showfliers：该参数用于指定是否显示异常值，默认显示。

boxprops：该参数用于设置箱体的属性，如边框色、填充色等。

flierprops：该参数用于设置异常值的属性，如异常点的形状、大小、填充色等。

medianprops：该参数用于设置中位数的属性，如线的类型、粗细等。

meanprops：该参数用于设置均值的属性，如点的大小、颜色等。

capprops：该参数用于设置箱形图顶端和末端线条的属性，如颜色、粗细等。

whiskerprops：该参数用于设置须的属性，如颜色、粗细、线的类型等。

【动动手练习 5-15】　绘制箱形图

```
import matplotlib.pyplot as plt
import numpy as np
#生成数据
x=np.random.normal(0,1,100)
#绘制箱形图
plt.boxplot(x)
plt.show()
```

运行结果如图 5-19 所示。

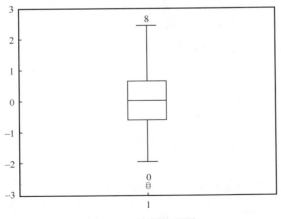

图 5-19　绘制箱形图

从图 5-19，可以看到上四分位数、中位数、下四分位数、上下边界和异常点，其中上四分位数、下四分位数、中位数，可以通过 plt.getp()函数获得。下面结合 df.boxplot()方法讲解 plt.getp()函数的使用方法。其实，df.boxplot()方法可以直接使用 plt.getp()函数获得箱形图的各种返回值。

2. df.boxplot()方法

df.boxplot()方法的一般格式如下。

```
df.boxplot(column=None, by = None, return_type=None, **kwds)
```

注意，这是 DataFrame 的函数，序列对象没有此方法。

常用参数说明如下。

① column：默认为 None，输入为字符串或由字符串构成的列表，其作用是指定要绘制箱形图进行分析的列。

② by：指定 by='columns'，可进行多组合箱形图分析，该分析是基于列值来完成的。

③ return_type：指定返回对象的类型，默认为 None。可选的参数为 "axes" "dict" "both"，该参数与 by 一起使用时，返回的对象为序列或 array(for return_type = None)。

④ showmeans（可由**kwds 添加）：表示是否显示均值，默认不显示；若显示，则显示一个三角形代表均值。

⑤ showfliers（可由**kwds 添加）：表示是否显示异常值。

⑥ vert（可由**kwds 添加）：表示是否垂直，箱形图是横向的（False），还是竖向的（True）。

为了获得 df.boxplot()方法的返回值，我们一般使用以下格式。

```
df.boxplot(return_typ='dict')
```

return_typ='dict'时，可返回一个字典结果，这个结果的几个键值如下。

① boxes：显示四分位数和中位数的置信区间。

② median：每一个 box 的横隔线（代表中位数）。

③ caps：上下边界线。

④ fliers：所有的异常值点。

⑤ means：代表均值的点或者线。

返回的参数可通过 plt.getp()函数查看某个键值对应的全部内容，例如下面的代码。

```
p=df.boxplot(return_type='dict',showmeans=True)
#查看键值 whiskers 对应的内容
plt.getp(p['whiskers'])
```

【动动手练习 5-16】　单特征值的分析

```
import pandas as pd
data='d:\\data\\日销售情况.xls'   #数据文件
```

```
df=pd.read_excel(data,index_col=u'日期')#读取数据，指定"日期"列为索引列
des=df.describe()
print(des)
p=df.boxplot(return_type='dict',showmeans=True)  #画箱形图
#令 showmeans=True 表示显示均值，默认不显示均值
print('均值求法 1:',des.loc['mean','销量'])  #从描述性函数获得均值
print('均值求法 2:',df['销量'].mean())      #直接从 DataFrame 均值函数获得均值
print('均值求法 3:',p['means'][0].get_ydata()[0]) #从箱形图中求均值


print('从箱形图中取下边界:',p['caps'][0].get_ydata()[0])   #从箱形图中求下限
print('从箱形图中取上边界:',p['caps'][1].get_ydata()[0])   #从箱形图中求上限
print('从箱形图中取中位数:',p['medians'][0].get_ydata()[0])  #可以从箱形图中取参数值
print('从描述性函数中取中位数:',des.loc['50%','销量'])   #也可以从描述性函数中取参数值
print('从箱形图中取异常值X:',p['fliers'][0].get_xdata())   #从箱形图中求异常值的x轴
坐标
print('从箱形图中取异常值Y:',p['fliers'][0].get_ydata())   #从箱形图中求异常值的y轴
坐标
```

运行结果如下。

```
        销量
count  200.000000
mean   2755.214700
std    751.029772
min    22.000000
25%    2451.975000
50%    2655.850000
75%    3026.125000
max    9106.440000
均值求法 1: 2755.2146999999986
均值求法 2: 2755.2146999999986
均值求法 3: 2755.2146999999995
从箱形图中取下边界: 1958.0
从箱形图中取上边界: 3802.8
从箱形图中取中位数: 2655.8500000000004
```

从描述性函数中取中位数：2655.8500000000004

从箱形图中取异常值 X: [1. 1. 1. 1. 1. 1. 1. 1.]

从箱形图中取异常值 Y: [51. 865. 22. 60. 6607.4 4060.3 9106.44 4065.2]

显然，数据的分布数值可以由 DataFrame 的描述性函数获得，也可以从箱形图返回值的字典中解析获得。

【动动手练习 5-17】 多特征值的分析

```
#-*- coding:utf-8 -*-
import pandas as pd
import matplotlib.pyplot as plt


data ='d:\\data\\鸢尾花数据集.csv'  #数据，注意按实际路径设置
df = pd.read_csv(data, engine='python', encoding='ansi')   #读取数据
df = df.drop(['编号'], axis=1)    #删除编号列
#df=df[['花萼长度_cm','花萼宽度_cm','花瓣长度_cm','花瓣宽度_cm','品种']]
des = df.describe()
print(des)


plt.rcParams['font.sans-serif'] = ['SimHei']   #正常显示中文标签
plt.rcParams['axes.unicode_minus'] = False      #正常显示负号


plt.figure()   #建立图像
p = df.boxplot(return_type='dict', showmeans=True)   #画箱形图
#令 showmeans=True 表示显示均值，默认不显示均值
print('均值求法 1:\n', des.loc['mean'])   #从描述性函数获得均值
print('均值求法 2\n:', df.mean())        #直接从 DataFrame 均值函数获得均值
for i in range(len(des.columns)):   #遍历能够计算数值的列
    print('均值求法-4 个均值:', p['means'][i].get_ydata()[0])
    #从箱形图中求均值
    print('从箱形图中取下、上边界（4 组）:', p['caps'][2 * i]. get_ydata()[0],
p['caps'][2 * i + 1].get_ydata()[0])   #从箱形图中求上、下限


    print('从箱形图中取中位数（4 个）:', p['medians'][i].get_ydata()[0])
    print('从描述性函数中取中位数:\n', des.loc['50%'])
```

```
    print('从箱形图中取异常值 X(4 个特征):', p['fliers'][i].get_xdata())
    print('从箱形图中取异常值 Y(4 个特征):', p['fliers'][i].get_ydata())
plt.show()
```

多列箱形图如图 5-20 所示。（注：此为数值图，故不加纵向的名称和单位）

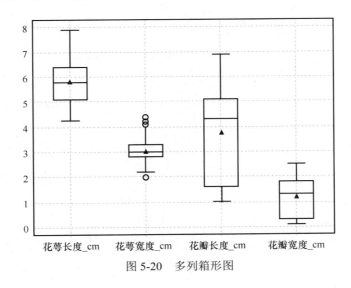

图 5-20　多列箱形图

从描述性函数和箱形图返回的键值对数据中，都可以取中位数、均值和四分位数，但只能从箱形图中取异常值，且只有花萼宽度_cm 列有异常值，其他列异常值均为空。

注意查看 return_type='dict'返回的各关键值的对象数目，例如 caps 上、下限对象就有 8 个，分别对应花萼长度_cm、花萼宽度_cm、花瓣长度_cm 和花瓣宽度_cm 这 4 个属性的上、下限值。这 8 个对象可通过.get_ydata()[0]获得上、下限值。

```
In[1]:p['caps']
Out[1]:
[<matplotlib.lines.Line2Dat0x12a075d7978>,
<matplotlib.lines.Line2Dat0x12a075d7da0>,
<matplotlib.lines.Line2Dat0x12a075e8b38>,
<matplotlib.lines.Line2Dat0x12a075e8f60>,
<matplotlib.lines.Line2Dat0x12a075facf8>,
<matplotlib.lines.Line2Dat0x12a07604160>,
<matplotlib.lines.Line2Dat0x12a0760beb8>,
<matplotlib.lines.Line2Dat0x12a07613320>]
```

【动动手练习 5-18】 多组合箱形图的分析

基于"超市营业额.xlsx"的"柜台"列分析不同柜台对应的营业额，通过指定 by='columns'，进行多组合箱形图分析。代码如下。

```
#-*- coding: utf-8 -*-
import pandas as pd
import matplotlib.pyplot as plt
data ='d:\\data\\超市营业额.xlsx'   #数据，注意按实际路径设置
df = pd.read_excel(data)              #读取数据
plt.rcParams['font.sans-serif'] = ['SimHei']   #用于正常显示中文标签
plt.rcParams['axes.unicode_minus'] = False        #用于正常显示负号
axes = df.boxplot(column=[' 交 易 额 '], by = ' 柜 台 ',return_type = 'dict',
figsize = (8,6), fontsize = 18)
plt.text(0.001,13000,'交易额/元')
#fig.texts = []
plt.suptitle('')     #重设主标题
plt.show()
```

绘制的多组合箱形图如图 5-21 所示。

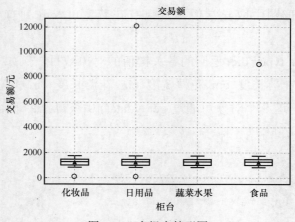

图 5-21　多组合箱形图

5.6.3　给箱形图添加注释

【动动手练习 5-19】 给单特征箱形图添加注释

下面根据 201 天的销售数据（数据中包括 NaN），通过箱形图检测异常值。

```
import pandas as pd
data='d:\\data\\日销售情况.xls'        #数据
df=pd.read_excel(data,index_col=u'日期') #读取数据，指定"日期"列为索引列
des=df.describe()
#print(des)
import matplotlib.pyplot as plt     #导入图像库
#plt.rcParams['lines.linewidth']=10      #设置线条宽度
plt.rcParams['font.sans-serif']=['SimHei']   #用于正常显示中文标签
plt.rcParams['axes.unicode_minus']=False       #用于正常显示负号
#plt.figure()     #建立图像
fig=plt.figure(figsize=(10,8))
p=df.boxplot(return_type='dict')     #绘制箱形图
'''
当 return='dict'时，返回结果为一个键值对的字典
'''
x=p['fliers'][0].get_xdata()   #'fliers'即异常值的标签，get_xdata()函数用于取 x 轴
的值
y=p['fliers'][0].get_ydata()   #get_ydata()函数用于取 y 轴的值
y.sort()       #该方法从小到大排序，该方法可直接改变原对象
zhongweishu=des.loc['50%','销量']   #获得中位数，与 data['销量'].median()函数获得的
值相同
zhongweishu=p['medians'][0].get_ydata()[0]    #获取中位数的另一种方法，与上一种方法
的取值结果相同
junzhi=df['销量'].mean()   #求均值
shangbianjie=p['caps'][1].get_ydata()[0]   #取上边界的值
xiabianjie=p['caps'][0].get_ydata()[0]       #取下边界的值
'''
用 annotate 添加注释
其中有些相近的点，注解会出现重叠，不利于看清，需要使用一些技巧对其进行控制
'''
for i in range(len(x)):
    if i>0:
        plt.annotate(y[i],xy=(x[i],y[i]),xytext=(x[i]+0.05-0.8/(y[i]-y
```

```
[i-1]),y[i]),fontsize=16)
            else:
                plt.annotate(y[i],xy=(x[i],y[i]),xytext=(x[i]+0.08,y[i]),fontsize=16)

    plt.annotate('中位数', xy=(1, zhongweishu), xytext=(1+0.1, zhongweishu),
fontsize=16)  #显示文本"中位数"
    plt.annotate(zhongweishu,xy=(1,zhongweishu),xytext=(1+0.19,zhongweishu),
fontsize=16)  #显示中位数数字
    plt.annotate('+',xy=(1-0.006,junzhi))   #均值标记为"+"
    plt.annotate('上边界',xy=(1,shangbianjie),xytext=(1+0.1,shangbianjie-200),
fontsize=16)   #显示文本"上边界"
    plt.annotate(shangbianjie,xy=(1,shangbianjie),xytext=(1+0.19,shangbianjie-200),
fontsize=16)   #显示上边界值
    plt.annotate('下边界', xy=(1, xiabianjie), xytext=(1+0.1, xiabianjie-300),
fontsize=16)   #显示文本"下边界"
    plt.annotate(xiabianjie,xy=(1,xiabianjie),xytext=(1+0.19,xiabianjie-300),
fontsize=16)   #显示下边界值
    plt.text(0.38,9000,fontsize=16)
#plt.show()    #展示箱形图
```

运行结果如图 5-22 所示。（注：此为数值图，故纵向不加名称和单位）

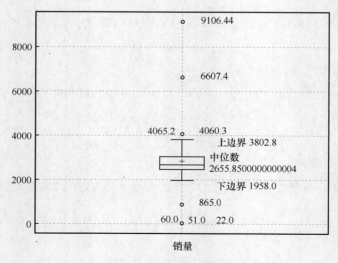

图 5-22　给单特征箱形图添加注释

图 5-22 将上边界、下边界、中位数，以及所有异常点的值都标记出来，将这些值取整会更便于查看。

【动动手练习 5-20】　给多特征值箱形图添加注释

```python
import pandas as pd
import matplotlib.pyplot as plt   #导入图像库

data ='d:\\data\\鸢尾花数据集.csv'   #数据文件，注意按实际路径设置
df = pd.read_csv(data, engine='python', encoding='ansi')   #读取数据
df = df.drop(['编号'], axis=1)   #删除编号列
des = df.describe()
#print(des)
plt.rcParams['font.sans-serif'] = ['SimHei']   #用于正常显示中文标签
plt.rcParams['axes.unicode_minus'] = False      #用于正常显示负号
plt.figure()    #建立图像
p = df.boxplot(return_type='dict', showmeans=True)   #画箱形图
#令 showmeans=True 表示返回均值，默认不返回均值
#print('均值求法1:\n', des.loc['mean'])   #从描述性函数获得均值
#print('均值求法2\n:', df.mean())   #直接从 DataFrame 均值函数获得均值
for i in range(len(des.columns)):   #遍历能够计算数值的列
    #print('均值求法-4 个均值:', p['means'][i].get_ydata()[0])
    #从箱形图中求均值
    #print('从箱形图中取下、上边界（4 组）:', p['caps'][2 * i]. get_ydata()[0],
p['caps'][2 * i + 1].get_ydata()[0])   #从箱形图中求上、下限

    #print('从箱形图中取中位数（4 个）:', p['medians'][i].get_ydata()[0])
    #print('从描述性函数中取中位数:\n', des.loc['50%'])
    #print('从箱形图中取异常值 X(4 个特征):', p['fliers'][i].get_xdata())
    #print('从箱形图中取异常值 Y(4 个特征):', p['fliers'][i].get_ydata())
    x = p['fliers'][i].get_xdata()
#'flies'即异常值的标签, get_xdata()函数用于获取异常值的位置
```

```
        y = p['fliers'][i].get_ydata()    #get_ydata()函数用于获取异常值

        y.sort()  #从小到大排序，该方法直接改变原对象

        zhongweishu = p['medians'][i].get_ydata()[0]    #获得中位数

        junzhi = p['means'][i].get_ydata()[0]    #获得均值

        shangbianjie = p['caps'][2 * i + 1].get_ydata()[0]    #取上边界的值

        xiabianjie = p['caps'][2 * i].get_ydata()[0]    #取下边界的值

        for j in range(len(x)):  #显示异常值

            if j > 0:

                plt.annotate(y[j], xy=(x[j], y[j]), xytext=(x[j] + 0.05 - 0.8 /
(y[j] - y[j - 1]), y[j]))

            else:    #显示异常值的第一个数值文本

                plt.annotate(y[j], xy=(x[j], y[j]), xytext=(x[j] + 0.08, y[j]))

    plt.annotate('中位数', xy=(i + 1, zhongweishu), xytext=(i + 1 + 0.1,
zhongweishu))    #显示文本"中位数"

    plt.annotate(zhongweishu, xy=(i + 1, zhongweishu), xytext=(i + 1 + 0.46,
 zhongweishu))    #显示中位数数字

    plt.annotate('+', xy=(i + 1 - 0.006, junzhi))    #均值标记为"+"

    plt.annotate('上边界', xy=(i + 1, shangbianjie), xytext=(i + 1 + 0.1,
shangbianjie))    #显示文本"上边界"

    plt.annotate(shangbianjie, xy=(i + 1, shangbianjie), xytext=(i + 1 + 0.46,
shangbianjie))    #显示上边界值

    plt.annotate('下边界', xy=(i + 1, xiabianjie), xytext=(i + 1 + 0.1,
xiabianjie))    #显示文本"下边界"

    plt.annotate(xiabianjie, xy=(i + 1, xiabianjie), xytext=(i + 1 + 0.46,
 xiabianjie))    #显示下边界值


plt.show()
```

运行结果如图 5-23 所示。（注：此图为数值图，故纵向不加名称和单位）

标记异常值时，要对 p['fliers'][i].get_xdata()获取的列表长度进行判断，如果列表为空，就不需要遍历，否则就通过 p['fliers'][i].get_ydata()进行遍历，并对异常值使用 plt.annotate()函数进行标记。

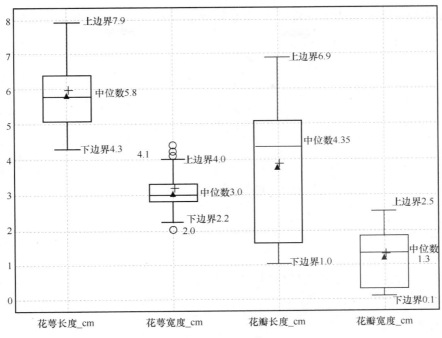

图 5-23　给多特征值箱形图添加注释

5.7　雷达图

雷达图是一个不规则的多边形，用于显示 3 个或更多维度变量的强弱情况。在 matplotlib.pylot 中绘制雷达图是基于极坐标的，因此所有数据和坐标都要根据角度计算位置。

5.7.1　极坐标

极坐标，属于二维坐标系统，主要被应用于数学领域。在平面内取一个定点 O（极点），引一条射线 Ox（极轴），再选定一个长度单位和角度的正方向（通常取逆时针方向），就确定了一个极坐标体系。

对于平面内任何一点 M，极坐标系也有 2 个坐标轴：r（半径坐标）和 θ（角坐标、极角或方位角，有时也表示为 ϕ 或 t）。r 坐标表示与极点的距离，θ 坐标表示按逆时针方向坐标距离 0°射线（有时也称作极轴）的角度，极轴就是在平面直角坐标系中 x 轴的正方向。例如，极坐标中的(3,60°)表示一个距离极点 3 个单位长度、与极轴夹角为 60°的点。(−3,240°)和(3,60°)表示同一个点，因为该点在夹角（240° − 180° = 60°）射线反向延长线上距离极点 3 个单位长度的地方。又如极坐标(4,210°)，表示距离极点 4 个单位长度，与极轴夹角为 210°，如图 5-24 所示。

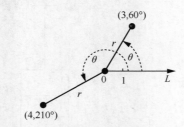

图 5-24　点(3,60°)和点(4,210°)的极坐标

5.7.2　绘制雷达图

在极坐标上绘制雷达图的最简单格式如下。

```
plt.polar(theta, r)
```

参数说明如下。

- theta：角坐标，表示每个标记所在射线与极轴的夹角。
- r：半径坐标，表示每个标记到原点的距离。

【动动手练习 5-21】　在极坐标上绘制雷达图

```
import numpy as np
import matplotlib.pyplot as plt
#下面的 np.linspace 表示 12 等分角度
theta = np.linspace(0.0, 2*np.pi, 12, endpoint=False)
#np.random.rand(12)表示返回服从"0-1"均匀分布的随机样本值
r = 30*np.random.rand(12)
#拼接首尾数据，使图形中的线条封闭
#theta=np.concatenate((theta,[theta[0]]))
#r=np.concatenate((r,[r[0]]))
#polar 表示绘制极坐标图，color 表示线条颜色，linewidth 表示线宽，marker 表示标志点样式，mfc 表示点颜色
plt.polar(theta, r, color="b",linewidth=2, marker="*", mfc="r", ms=10)
#填充颜色
plt.fill(theta, r,color='m',alpha=0.25)
#展示雷达图
plt.show()
```

绘制的雷达图如图 5-25 所示。

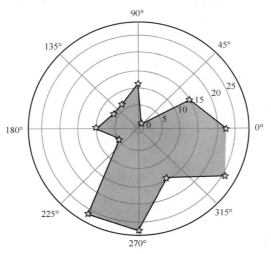

图 5-25　雷达图

如果要使图形中的线条封闭，可拼接数据首尾，在显示图形前，增加以下语句。

```
theta=np.concatenate((theta,[theta[0]]))
r=np.concatenate((r,[r[0]]))
```

5.8　三维图

最基本的三维图是由(x, y, z)三维坐标点构成的线图与散点图，可以由 ax.plot3D()和 ax.scatter3D()函数来创建。默认情况下，系统会自动改变散点透明度，以使其在平面上呈现立体效果。

【动动手练习 5-22】　绘制三维的线图和散点图

```
#绘制三角螺旋线
from mpl_toolkits import mplot3d
import matplotlib.pyplot as plt
import numpy as np
from pylab import mpl
mpl.rcParams['font.sans-serif'] = ['SimHei']    #中文显示正常
mpl.rcParams['axes.unicode_minus'] = False      #负号显示正常
ax = plt.axes(projection='3d')    #定义三维图
#三维线的数据
```

```
zline = np.linspace(0, 15, 1000)

xline = np.sin(zline)

yline = np.cos(zline)

ax.plot3D(xline, yline, zline, 'gray')    #画线图
#三维散点的数据
zdata = 15 * np.random.random(100)

xdata = np.sin(zdata) + 0.1 * np.random.randn(100)

ydata = np.cos(zdata) + 0.1 * np.random.randn(100)

ax.scatter3D(xdata, ydata, zdata, c=zdata, cmap='Greens')        #画散点图

ax.set_title('图标题')
#设置坐标轴标签
ax.set_xlabel('A轴（正弦值）')

ax.set_ylabel('B轴（余弦值）')

ax.set_zlabel('C轴（随机数）')

plt.show()
```

运行结果如图 5-26 所示。

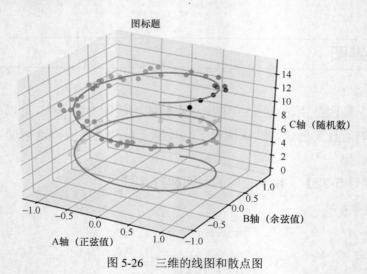

图 5-26　三维的线图和散点图

还可以用以下两种方式绘制三维图。第一种方式如下。

```
ax = plt.subplot(111, projection='3d')     #画布上只有一个子图
```

第二种方式如下。

```
fig = plt.figure()

ax = fig.gca(projection='3d')      #在画布上使用 fig.gca() 函数定义三维图
```

三维图除了线图和散点图外，还有其他图形，绘制方法如下。

- ax.contour3D(X, Y, Z, 50, cmap='binary')：绘制三维等高线图。
- ax.plot_wireframe(X, Y, Z, color='c')：绘制线框图和全面图。
- ax.plot_surface(X, Y, Z, rstride=1, cstride=1, cmap='viridis', edgecolor='none')：绘制曲面图。

5.9　通过 DataFrame 生成折线图

pandas 的 DataFrame 自身也有绘图的方法。使用 pd.DataFrame.plot()函数绘图的格式如下。

```
    pd.DataFrame.plot(x=None,y=None,kind='line',ax=None,subplots=False,sharex=
None,sharey=False,layout=None,figsize=None,use_index=True,title=None,grid=None,
legend=True,style=None,logx=False,logy=False,loglog=False,xticks=None,yticks=None,
xlim=None,ylim=None,rot=None,xerr=None,secondary_y=False,sort_columns=False,**
kwds)
```

主要参数说明如下。

① x：DataFrame 列的标签（索引）或位置参数（下标）。
② y：DataFrame 行的标签（索引）或位置参数（下标）。
③ kind：字符串，用于确定图形的样式。该参数可取的值如下。

- line：用于绘制折线图。
- bar：用于绘制条形图。
- barh：用于绘制横向条形图。
- hist：用于绘制柱状直方图。
- box：用于绘制箱形图。
- kde：用于绘制核密度估计图，主要是对条形图添加核概率密度线。
- scatter：用于设置散点图需要传入列方向的索引。

【动动手练习 5-23】　通过 DataFrame 生成折线图

```
#-*- coding: utf-8 -*-
import matplotlib.pyplot as plt

import numpy as np

import pandas as pd

plt.rcParams['font.sans-serif'] = ['SimHei']    #中文正常显示
```

```
plt.rcParams['lines.linewidth']=4
#随机生成 7 组、每组 4 项的数据，分别对应一个星期的货品销售情况
df=pd.DataFrame(np.random.rand(7,4)*20,index=['星期一','星期二','星期三',
'星期四','星期五','星期六','星期日'],columns=pd.Index(['水果','衣服','鞋子','食品']))
df.plot(figsize=(10,8),style=['-', '--', '-.',':'],marker='D')
#使用 df.plot()函数设置相应参数
plt.xticks(range(len(df.index)),df.index)        #增加 x 轴标签输出
plt.text(-1.45,14,'销售额')
plt.text(-1.35,13,'/万元')
plt.show ()
```

运行结果如图 5-27 所示。

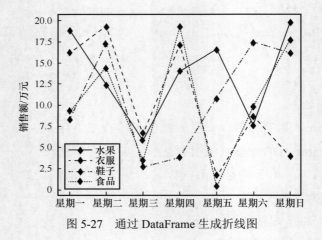

图 5-27　通过 DataFrame 生成折线图

Matplotlib 的其他图形均可通过 DataFrame 生成，只需对参数 kind 进行相应的定义。例如，定义核密度估计图的代码如下。

```
df.plot(kind='kde')
```

DataFrame 的 plot 定义形式多样，由 DataFrame 数据生成其他图形时，有以下形式。

```
#绘制水平条形图
df.plot.bar()        #与 df.plot(kind='bar')相同
#绘制垂直条形图
df.plot.barh(stacked=True,alpha=0.5)
#绘制箱形图
df.plot.box()        #与 df.plot(kind='box')相同
```

第6章 Flask 框架与 ECharts 可视化

本章主要讲解将 Flask 框架与 ECharts 结合，通过 AJAX 异步工具将数据传递到网页实现动态可控的可视化视图。其实现方法是通过 Python 获取 MySQL、Excel、CSV 文本等各种形式的数据，将一些数据转为 JSON 格式传递到网页。

6.1 Flask 框架的基本概念与使用方法

Flask 是 Python 中常用的网站框架，Flask 轻巧、简洁，比较适合分层较少、逻辑简单的 Web 项目。

6.1.1 Flask 框架的基本使用方法

1．Flask 框架的安装

通过 Anaconda 安装的 Python 开发环境，默认已经安装了 Flask 框架，不需要再另外安装。如果需要另外安装，通过下面的命令可以直接安装，在此不再赘述。

```
pip install flask
pip install flask_cors
```

2．引入 Flask 并使用该框架

完成一个 Flask 框架 App 模块的应用，需要导入 Flask 框架，创建 App 应用，建立 URL 路由，在 App 模块外创建一个主入口。

导入 Flask 框架的代码如下。

```
from flask import Flask    #导入 Flask 框架
```

创建 App 应用的代码如下，其中__name__属于 Python 中的内置类属性，代表对应程序名称。如果当前运行的程序是主程序，那么__name__的值就是__main__，反之，则是对应的模块名。

```
App = Flask(__name__)
```

建立 URL 路由的代码如下。App 应用通过 URL 路由执行其修饰的方法，可以将多个路由指向同一个方法。

```
@App.route('/')

@App.route('/index')

def index():

    return "Hello,World!"
```

在函数定义的上一行有@functionName 修饰时，系统会先解析@后的内容，直接把@下一行函数作为@的参数，然后将返回值赋值给下一行修饰的函数对象。App 应用的路由方法通过其定义的路径指向了 index()函数，而 index()函数是网页的起始页面。即运行程序后，打开渲染的网页，无论是"/"路径还是"/index"路径均会指向 index()函数。

建立 URL 路由后，Flask 框架的应用基本齐全了，但是还需要在 App 外创建一个主入口，即执行这个主入口就可以运行整个项目。

为防止被引用后执行，只有在当前模块中才可以使用修饰的方法，代码如下。

```
if __name__=='__main__':

    App.run()
```

3. 运行程序

【动动手练习 6-1】 创建一个 Flask 框架的应用模块 App 并启动链接访问

```
from flask import Flask

App = Flask(__name__)          #创建一个 Flask 框架的应用模块 app

@app.route('/')                #建立一个或多个 URL 路由，均用于修饰 index()函数

@app.route('/index')

@app.route('/index123')

def index():

    return "Hello,World!"

#等价于一个响应对象，后面有响应解释

#Response('Hello World!', status=200, mimetype='text/html')

if __name__=='__main__':

    App.run()       #主入口，启动 App 应用模块
```

在 PyCharm 中创建并运行程序，如图 6-1 所示。

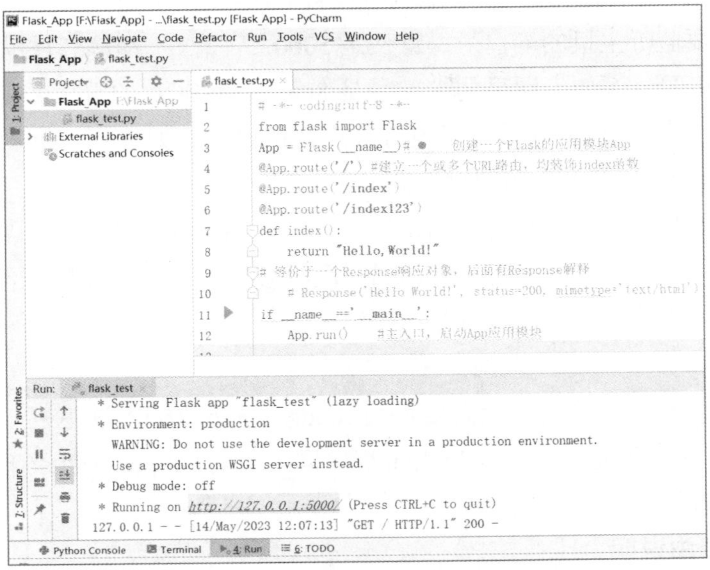

图 6-1　在 PyCharm 中创建并运行程序

程序运行中（不要结束程序运行），在浏览器中输入以下链接。

```
http://127.0.0.1:5000
```

```
http://127.0.0.1:5000/index
```

```
http://127.0.0.1:5000/index123
```

以上链接均可访问 Flask 框架的应用模块 App，在页面上会看到输出显示"Hello,World!"，如图 6-2 所示。

图 6-2　打开渲染的"Hello, World!"网页

注意，如果在此没有任何显示，就说明程序错误，按"F12"键可进入调试页面查看。

6.1.2　Flask 框架的概念与更多使用方法

1．在 app.run()方法中传递的参数说明

app.run()方法传递的参数是默认的，其完整的格式如下。

```
app.run(host=None, port=None, debug=None)
```

其中参数说明如下。

① host：要监听的主机名，本地机可设置 host='127.0.0.1'。

② port：要监听主机的端口号，默认是 5000。注意，一般端口号不要与一些常用服务的端口号相同，例如，网页的端口号是 8080，MySQL 的端口号是 3036。

③ debug：默认为 None，表示没有开启调试模式；如果是 True，表示开启调试模式；如果是 False，表示关闭调试模式。

一般在本地开发时，需要打开调试模式。打开调试模式的好处：更改代码后，不需要重新启动服务器，如果代码运行出错，网页会抛出代码错误的原因，方便开发人员快速定位错误代码。

2．模板

要制作丰富多彩的网页，就需要使用 render_template()方法返回一个网页。这个网页称为模板，其被预先保存在与 Python 程序同一级的 templates 目录下并通过 render_template()方法调用。

3．URL 路由说明

URL 路由决定跳转的页面，语句如下。

```
#进入页面
@app.route('/bubble-gradient')   #路由与下载的页面对应（也可以不对应）
def index():      #此函数的名称无关紧要，可以是任意合适的名称
return render_template('bubble-gradient.html')    #此时为气泡图页面
```

render_template()函数功能强大，会自动在 templates 文件夹中找到对应的 HTML，因此我们不用写完整的 HTML 文件路径，只需写出相对路径。

（1）使用 API 返回 JSON 数据。

创建一个 Python 文件，输入以下代码。

```
#-*- coding:utf-8 -*-
#为避免冲突，Python 文件不能起名为 flask.py
from flask import Flask,render_template,request,Response,redirect,url_for
from flask_cors import *
import json
#创建 App
app = Flask(__name__)
#使用 API 返回 JSON 数据
@app.route('/pie_nest_data')
def pie_nest_data():
```

```
        data_list = {}
        data1 = ["公众号: Python 研究者", "直达", "营销广告", "搜索引擎", "邮件营销",
"联盟广告", "视频广告", "百度", "谷歌", "必应", "其他"]
        data_list['data1'] = data1
        return Response(json.dumps(data_list,ensure_ascii=False),
    mimetype='application/json')   #ensure_ascii=False 输出中文
    if __name__ == "__main__":
        """初始化,可设置参数 debug=True,进入调试模式"""
        app.run(host='127.0.0.1', port=5000)
```

上述程序将 Python 的字典类型通过 json.dumps() 函数转换为 JSON 格式渲染网页。运行程序时,在浏览器中输入 http://127.0.0.1:5000/pie_nest_data,出现图 6-3 所示的结果。

图 6-3 以 JSON 格式渲染网页

注意,有中文显示时,要使用 json.dumps() 函数设置 ensure_ascii=False。json.dumps() 函数用于将 Python 数据类型转换为 JSON 格式(即将字典转化为字符串)。与 json.dumps() 函数对应的是 json.loads() 函数,json.loads() 函数用于将 JSON 格式数据转换为字典(即将字符串转化为字典)。

数据转化为 JSON 格式,没有设置返回的类型,默认类型是 text/html。

Flask 是一个 Web 框架,具有前后台(即服务器与客户端)的概念。所有返回前台到达网页端的内容,其实都应该是 Response 的对象或者其子类。如果返回的是字符串,可以直接写成"return'字符串'"的形式,其实这个字符串也是经过 Response 包装的,如同 return Response('字符串')。

(2)获取(传递)参数。

在上面程序的"if __name__ == "__main__":"语句前增加以下修饰函数。

```
#获取(传递)参数
@app.route('/alldata')
def alldata():
    d = request.args.get('d')
    return Response(json.dumps(d,ensure_ascii=False), mimetype='application/json')
```

运行修改后的程序，在浏览器中输入"http://127.0.0.1:5000/alldata?d=李丽丽"，出现的界面如图 6-4 所示。

图 6-4　获取（传递）参数的页面设计

其中 d 是传递的参数，这里使用了 request 对象。request 的属性有十几种，我们需要用 request.args.get()函数获取前端表单信息，然后将传递的参数通过 Response 返回网页端。

（3）text/html 与 application/json 的比较。

将上面的代码改为以下内容，浏览器会显示不同的效果。

```
@app.route('/alldata')

def alldata():

    d = request.args.get('d')

    return Response(d,mimetype='text/html')
```

运行修改后的程序，效果如图 6-5 所示。

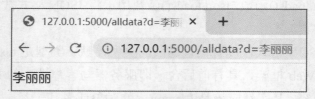

图 6-5　传递参数页面的显示

6.2　ECharts 的使用方法

6.2.1　下载 ECharts 视图示例网页

打开 ECharts 官网，如图 6-6 所示。ECharts 的图形类型有折线图、饼图、散点图、雷达图、关系图等。每个类型还有细分项目。

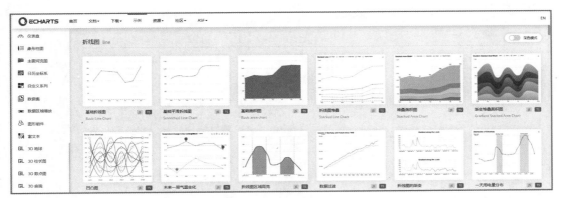

图 6-6　ECharts 官网

　　下面以散点图中的气泡图为例，介绍如何将可视化图表引入 Flask 框架，通过 Flask 框架修改数据，并在网页实现数据可视化。在 ECharts 页面中选择"散点图"中的"气泡图"，如图 6-7 所示。

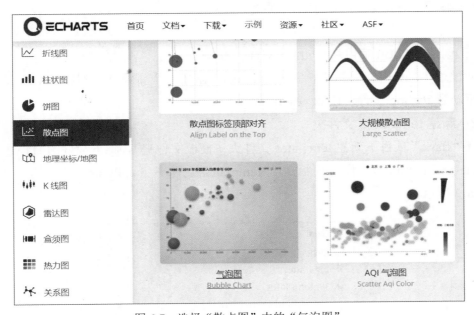

图 6-7　选择"散点图"中的"气泡图"

　　单击"气泡图"按钮，进入新的网页，如图 6-8 所示。在左侧的代码栏中，可以修改数据项，查看视图的变化；单击"完整代码"标签，可查看完整代码。

　　单击气泡图右上角的"下载示例"按钮，即可下载一个 HTML 文件（文件名为 bubble-gradient.html）。

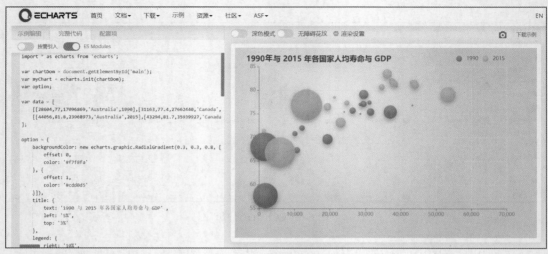

图 6-8　气泡图页面

6.2.2　编写 Flask 程序调用示例网页

1. 创建 Python 项目和 Python 文件

通过 PyCharm 的 "File" | "New project" 创建一个新项目，例如 "flask"，在该项目下新建 Python 文件 "flask_test.py"。

2. 新建 templates 文件夹

在 "flask" 项目下新建 templates 文件夹（模板文件夹），将下载好的 HTML 文件 "bubble-gradient.html" 作为模板放到 templates 文件夹下。Python 项目的文件结构如图 6-9 所示。

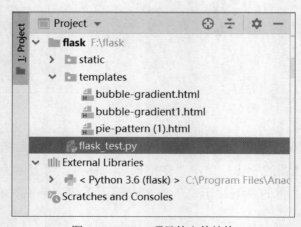

图 6-9　Python 项目的文件结构

Flask 框架会自动到 templates 文件夹下查找需要的网页文件。因此，在 Flask 框架下存放网页模板文件的 templates 文件夹名称是固定的，并不能随意更改。

3．编写 Flask 程序

如果没有安装 Flask 框架，可使用 pip install flask 命令安装该框架。

在 Python 程序中引入 Flask 框架，代码如下。

```
from flask import Flask,render_template,request,Response
from flask_cors import *
```

在开发调试阶段，flask_cors 模块可以实现本地 Flask 测试服务器跨域访问。

Flask 框架需要导入 render_template 模块。render_template 是 Web 开发的必备模块。我们要渲染的网页（即可视化的网页）并不是纯文本网页，而是包括各种标记语言的网页，因此我们需要一个模板。

在前面操作的基础上，编写 flask_test.py，代码如下。

```
#-*- coding:utf-8 -*-
#为避免冲突，Python 文件不能起名为 flask.py
from flask import Flask,render_template,request,Response,redirect,url_for
from flask_cors import *
import json


app = Flask(__name__)
#进入页面
@app.route('/bubble-gradient') #为了方便记忆，URL 路由与下载页面文件名相同（也可以不同）
@app.route('/')    #可定义多个路径同时指向下面的函数；@是装饰函数
def index():
    return render_template('bubble-gradient.html') #此时为气泡图页面


if __name__ == "__main__":
"""初始化，可设置参数 debug=True，进入调试模式"""
    app.run(host='127.0.0.1', port=5000)
```

上面的程序使用了 Flask 框架。编写代码渲染网页的语法格式如下。

```
render_template('要渲染的网页',参数1,参数2,…)
```

4．运行 Flask 程序

运行程序，结果如图 6-10 所示。

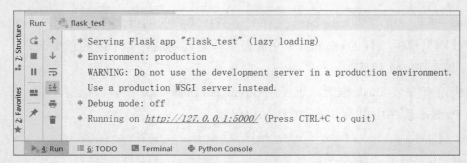

图 6-10 Flask 程序的运行结果

不必理会警告，直接进入浏览器，即可看到可视化效果，如图 6-11 所示。

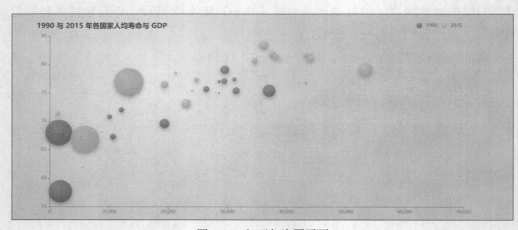

图 6-11 打开气泡图页面

6.3 使用 Flask 框架结合 ECharts 实现动态视图

Flask 是一个 Web 框架，将其和 ECharts 结合起来，就能实现动态视图。实现动态视图的基本操作是通过 Flask 框架修改数据，然后采用 AJAX 异步工具将数据更新到 HTML 网页中。

6.3.1 准备 JS 支持文件

准备 JS 支持文件的操作步骤如下。

（1）引入包含 jQuery 框架的文件。

在官网下载最新版的 jQuery，本书下载的是 jquery-3.5.1.js。

　　jQuery 是一个简洁的 JavaScript 框架，用于封装 JavaScript 常用的功能代码，提供一种简便的 JavaScript 设计模式，用于优化 HTML 文档操作、事件处理、动画设计和 AJAX 交互。

　　（2）在官网下载 echarts.min.js 文件，下载页面如图 6-12 所示。

图 6-12　echarts.min.js 文件的下载页面

　　在页面底部，单击"在线定制"按钮，进入在线定制页面。保持默认选项，向下拖动滚动条到页面底部，单击"下载"按钮，如图 6-13 所示。

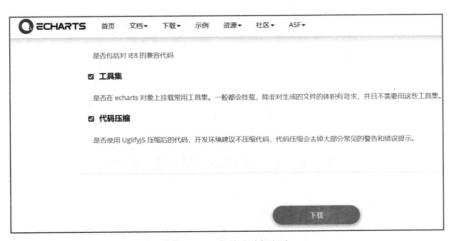

图 6-13　在线定制页面

　　注意，单击"下载"按钮前若勾选了"代码压缩"，下载的就是 echarts.min.js；如果没有勾选"代码压缩"，下载的就是 echarts.js。单击"下载"按钮进入构建过程，如图 6-14 所示。

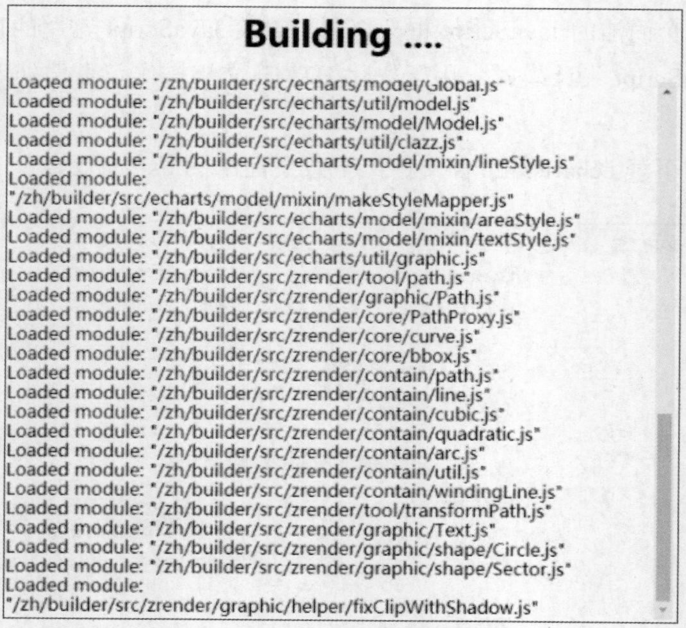

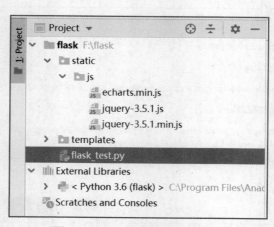

图 6-14　echarts.min.js 的构建过程

执行到此步说明 echarts.min.js（即 ECharts 5.0）已经下载成功，注意使用的下载示例的模板要与 JS 文件版本匹配。

（3）在"flask"目录下新建"static"|"js"文件夹，将 echarts.min.js 和 jquery-3.5.1.js文件复制到该文件夹下。有 js 文件夹的目录结构如图 6-15 所示。

图 6-15　有 js 文件夹的目录结构

有了 echarts.min.js 和 jquery-3.5.1.js，脱离 ECharts 网站的支持也可以渲染 ECharts网页。如果不下载以上两个 JS 文件，直接使用网页文件渲染，就必须在联网状态下展示 HTML 文件。

6.3.2　在 Flask 框架的程序中定义数据

数据要求：修改原来气泡图的数据为 1999 年与 2010 年我国各省 GDP 与人均 GDP（仅列 4 个省的数据）。

分析气泡图"bubble-gradient.html"文件中的数据，代码如下。

```
var data = [
[[28604,77,17096869,'Australia',1990],[31163,77.4,27662440,'Canada',1990],
[1516,68,1154605773,'China',1990],[13670,74.7,10582082,'Cuba',1990],[28599,75,
4986705,'Finland',1990],[29476,77.1,56943299,'France',1990],[31476,75.4,78958237,
'Germany',1990],[28666,78.1,254830,'Iceland',1990],[1777,57.7,870601776,'India',
1990],[29550,79.1,122249285,'Japan',1990],[24021,75.4,3397534,'New Zealand',
1990],[43296,76.8,4240375,'Norway',1990],[10088,70.8,38195258,'Poland',1990],
[19349,69.6,147568552,'Russia',1990],[10670,67.3,53994605,'Turkey',1990],[26424,
75.7,57110117,'United Kingdom',1990],[37062,75.4,252847810,'United States',1990]],
[[44056,81.8,23968973,'Australia',2015],[43294,81.7,35939927,'Canada',2015],
[13334,76.9,1376048943,'China',2015],[21291,78.5,11389562,'Cuba',2015],[38923,
80.8,5503457,'Finland',2015],[37599,81.9,64395345,'France',2015],[44053,81.1,
80688545,'Germany',2015],[42182,82.8,329425,'Iceland',2015],[5903,66.8,1311050527,
'India',2015],[36162,83.5,126573481,'Japan',2015],[34186,80.6,4528526,'New
Zealand',2015],[64304,81.6,5210967,'Norway',2015],[24787,77.3,38611794,'Poland',
2015],[23038,73.13,143456918,'Russia',2015],[19360,76.5,78665830,'Turkey',2015],
[38225,81.4,64715810,'United Kingdom',2015],[53354,79.1,321773631,'United
States',2015]]
  ];
```

上述代码中 data 是一个列表，列表内又分别套了两个图例项的列表，一个是 1990 年的数据列表，另一个是 2015 年的数据列表。在这两个图例项的列表中，又分别是各个国家的列表视图数据，列表视图数据的第 1 个元素是气泡形状的显示位置，第 2 个元素是人口寿命，第 3 个元素是国家 GDP，第 4 个元素是国家名称，第 5 个元素是年份。

【动动手练习 6-2】　在程序中修改气泡图的数据

在原 Python 程序的语句"if __name__ == "__main__":"前定义一个返回动态数据的修饰函数，代码如下。

```
#-*- coding:utf-8 -*-
from flask import Flask,render_template,request,Response,redirect,url_for
from flask_cors import *
import json
app = Flask(__name__)
#进入页面
@app.route('/bubble-gradient')
@app.route('/')
def index():
    return render_template('bubble-gradient.html') #此时为气泡图页面


#使用 API 接口返回 JSON 数据
@app.route('/b_g_data')   #设置在 b_g_data 页面返回动态数据
def b_g_data():
    data_list = {}
    data1=[[28604,11728.00, 846431000000,' 广 东 ',1999],[31163,10665.00,
769782000000,' 江 苏 ',1999],[1516,8673.00,766210000000,' 山 东 ',1999],[13670,
12037.00,536489000000,'浙江',1999]]
    data2 = [[28604,39978.00, 3777549000000,' 广 东 ',2010],[31163,43907.00,
3347876000000,' 江 苏 ',2010],[1516,35893.00,3362132000000,' 山 东 ',2010],[13670,
44895.00,2271698000000,'浙江',2010]]
    data_list['1999'] = data1
    data_list['2010'] = data2
    return Response(json.dumps(data_list, ensure_ascii=False), mimetype=
'application/json')
    if __name__ == "__main__":
    app.run(host='127.0.0.1', port=5000)
```

将 HTML 的 data 数据中，1990 年的列表数据第 1 列的前 4 项分别复制到 data1 和 data2 中，列表视图数据的第 1 个元素即位置数据（不修改），将第 2 个元素修改为人均 GDP，将第 3 个元素修改为各省 GDP，并修改第 4 个元素为省市名称，第 5 个元素为年份。

程序运行后，http://127.0.0.1:5000/b_g_data 页面就能显示返回的 JSON 数据。

6.3.3　修改 HTML 以适应 Flask 动态数据

修改从 ECharts 网站下载的示例代码 bubble-gradient.html，原来的 HTML 是固定的数据，现在将其修改为可接收 Flask 程序返回的 JSON 格式数据。

（1）引入 JavaScript 框架中的 jQuery 文件，代码如下。

```
<script type="text/javascript" src="https://cdn.jsdelivr.net/npm/echarts@5
/dist/echarts.min.js"></script><!--引用远程 ECharts 5.0 的 JS 文件-->
  <!--引入本地 JS 文件<script type="text/javascript" src="../static/js/echarts.min.js">
</script>-->
  <script type="text/javascript" src="../static/js/jquery-3.5.1.js"></script>
```

第 1 条语句用于引入远程 ECharts 5.0 的 JS 文件。

第 2 条语句用于引入本地 JS 文件。这种方式需要下载 echarts. min.js（或 echarts.js）并将其复制到项目的某个文件夹下以备调用。但使用本地 echarts.min.js 可能会不显示视图，不如使用远程方式稳妥。

第 3 条语句则用于引入本地 jQuery 文件。在此之前我们已经将 jquery-3.5.1.js 文件下载并复制到项目的"static"|"js"文件夹下。

增加本地 jquery-3.5.1.js 文件后的效果如图 6-16 所示。

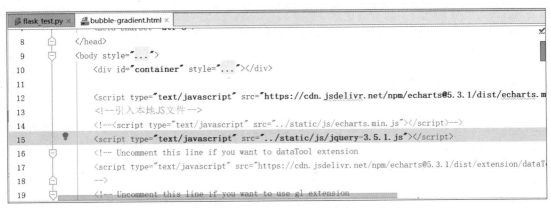

图 6-16　增加本地 jquery-3.5.1.js 文件后的效果

（2）在 HTML 的 JS 代码中添加异步请求代码。

第 1 步，将原来的 JS 代码剪切到一个文本文件中保存，即剪切<script type="text/javascript">和</script>之间的代码，代码如下。

```
<script type="text/javascript">
```

```
//剪切 JS 代码
</script>
```

第 2 步，添加 AJAX 异步请求代码，代码如下。

```
<script type="text/javascript">
    $.ajax({
        type:'GET',
        url:"http://127.0.0.1:5000/b_g_data",
        dataType:'json',
        success:function(data123){
            console.log(data123);
//将剪切暂存的 JS 代码全部复制到此处
    }
});
</script>
```

console.log(data123)语句的功能是在控制台上输出信息。我们可以在浏览器接收数据的页面中按"F12"键进入调试界面，选择"Console"查看输出结果。如果接收不到数据，页面就没有任何显示，必须按"F12"键进行调试找到出现错误的原因。

第 3 步，修改 HTML 原来的 JS 代码。

将暂存的 JS 代码全部复制到$.ajax 代码 success:function(data123)函数下的注释处。

a．将 data 的数据修改为接收$.ajax 传递的数据，代码如下。

```
var data = [data123['1999'],data123['2010']];
```

b．修改视图标题和图例。

```
title: {
    text: '1999 与 2010 年各省 GDP 与人均 GDP',
    left: '5%',
    top: '3%'
},
legend: {
    right: '23%',
    top: '3%',
    data: ['1999','2010']      //各序列的名称一致才会显示
```

修改 title 和 legend 的代码，如图 6-17 所示。

图 6-17　修改视图标题和图例的代码

年度值不一致之处均要修改，特别是要将网页代码中序列名称对应的值修改为 '1999'和'2010'，如图 6-18 所示。

图 6-18　修改序列名称对应的值

c. 修改气泡大小，代码如下（此处仅显示修改的代码）。

```
symbolSize: function (data) {
    return Math.sqrt(data[2]) / 5e4;      //气泡大小
```

修改完毕，按"Ctrl+S"组合键保存修改即可。运行 Flask 程序，打开浏览器访问网页，如图 6-19 所示。

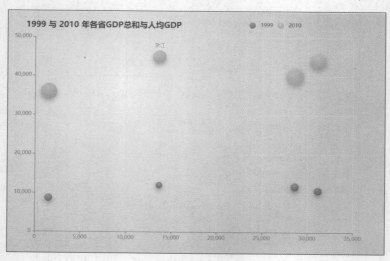

图 6-19　渲染的动态网页

6.4　使用 Flask+MySQL+ECharts 实现联动视图

本节要将 1999 年、2010 年和 2020 年部分省市的 GDP 存入 MySQL 数据库,从数据库中取出数据,并将其转换为 JSON 数据动态提供给 HTML 展示。

6.4.1　数据库及表的准备工作

启动 MySQL 服务器,输入 MySQL 服务器的密码,进入 MySQL 命令窗口。在 MySQL 命令下创建 testdb 数据库。

(1)创建数据库,代码如下。

```
mysql>create database testdb;
```

注意,语句后面的分号不能少。

(2)在 testdb 数据库中创建 tb 表,代码如下。

```
mysql> use testdb;
mysql> create table tb(name varchar(4),1999 年 float(10,2),2010 年 float(10,2),
2020 年 float(10,2))DEFAULT CHARSET utf8 COLLATE utf8_general_ci;
mysql> show columns from tb;        #查看表结构
```

查看表结构,如图 6-20 所示。

```
mysql> create table tb(name varchar(4),1999年 float(10,2),2010年 float(10,2),2020年 float(10,2))DEFAULT CHARSET utf8 COLLATE utf8_general_ci;
Query OK, 0 rows affected (0.02 sec)

mysql> show columns from tb;        #查看表结构
+---------+------------+------+-----+---------+-------+
| Field   | Type       | Null | Key | Default | Extra |
+---------+------------+------+-----+---------+-------+
| name    | varchar(4) | YES  |     | NULL    |       |
| 1999年  | float(10,2)| YES  |     | NULL    |       |
| 2010年  | float(10,2)| YES  |     | NULL    |       |
| 2020年  | float(10,2)| YES  |     | NULL    |       |
+---------+------------+------+-----+---------+-------+
4 rows in set (0.01 sec)
```

图 6-20　查看表结构

（3）将 data.csv 中的数据插入 tb 表。

data.csv 中已有的数据如图 6-21 所示，分别是每个省份及其对应的 1999 年、2010 年和 2020 年的 GDP。

	A	B	C	D
1	省份	1999年	2010年	2020年
2	广东	8464.31	37775.49	110761
3	江苏	7697.82	33478.76	102719
4	山东	7662.1	33621.32	73129
5	浙江	5364.89	22716.98	64613
6	河南	4576.1	19724.73	54997
7	河北	4569.19	17067.99	36207
8	辽宁	4171.69	14696.23	25115
9	湖北	3857.99	12866.05	43443

图 6-21　已有的表数据

插入的单条记录如下。

```
mysql> insert tb values('广东',8464.31,37775.49,110761);

mysql> insert tb values('江苏',7697.82,33478.76,102719);

mysql> insert tb values('山东',7662.1,33621.32,73129);

mysql> insert tb values('浙江',5364.89,22716.98,64613);

mysql> insert tb values('河南',4576.1,19724.73,54997);

mysql> insert tb values('河北',4569.19,17067.99,36207);

mysql> insert tb values('辽宁',4171.69,14696.23,25115);

mysql> insert tb values('湖北',3857.99,12866.05,43443);

#提示，删除全部表数据的命令是 delete from tb;
```

插入单条记录显然很麻烦，大量数据的输出可通过 LOAD 办法实现，命令如下。

```
mysql>LOAD DATA LOCAL INFILE 'd:\\data\\data.csv' INTO TABLE tb fields
terminated by ',';
```

fields terminated by ','表示数据以逗号分隔字段。data.csv 要被保存为 utf-8 格式。查看输入结果，如图 6-22 所示。

```
mysql> LOAD DATA LOCAL INFILE 'd:\\data\\data.csv' INTO TABLE tb fields terminated by ',';
Query OK, 8 rows affected, 8 warnings (0.01 sec)
Records: 8  Deleted: 0  Skipped: 0  Warnings: 8

mysql> select * from tb;
+--------+---------+----------+-----------+
| name   | 1999年  | 2010年   | 2020年    |
+--------+---------+----------+-----------+
| 广东   | 8464.31 | 37775.49 | 110761.00 |
| 江苏   | 7697.82 | 33478.76 | 102719.00 |
| 山东   | 7662.10 | 33621.32 | 73129.00  |
| 浙江   | 5364.89 | 22716.98 | 64613.00  |
| 河南   | 4576.10 | 19724.73 | 54997.00  |
| 河北   | 4569.19 | 17067.99 | 36207.00  |
| 辽宁   | 4171.69 | 14696.23 | 25115.00  |
| 湖北   | 3857.99 | 12866.05 | 43443.00  |
+--------+---------+----------+-----------+
8 rows in set (0.00 sec)
```

图 6-22　查看输入结果

至此，数据的准备工作就完成了。

6.4.2　选择简单柱状图作为模板

1．使用 Flask 框架调用简单柱状图模板

首先新建 Python 程序 flask_mysql_test.py，然后在 ECharts 官网打开简单柱状图，下载示例 dataset-simple0.html 并将其复制到 templates 目录下，也要将 JS 文件复制到"flask"项目中。Flask 框架项目结构如图 6-23 所示。

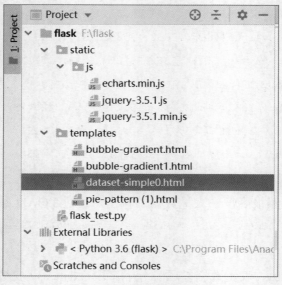

图 6-23　Flask 框架项目结构

2．编写 Flask 程序

在创建的 flask_mysql_test.py 文件中，编写 Flask 程序，代码如下。

```
#-*- coding:utf-8 -*-
from flask import Flask,render_template,request,Response
import json
app = Flask(__name__)   #定义 Flask
#进入页面
@app.route('/dataset-simple')    #URL 路由与下载的页面对应（也可以不同）
@app.route('/')
def index():
    return render_template('dataset-simple0.html')    #此时为简单柱状图页面
if __name__ == "__main__":
    """初始化，可设置参数 debug=True，进入调试模式"""
    app.run(host='127.0.0.1', port=5000)
```

运行程序的结果为图 6-24 所示。（注：此图为 ECharts 官网的原图，不能加坐标名称或单位）

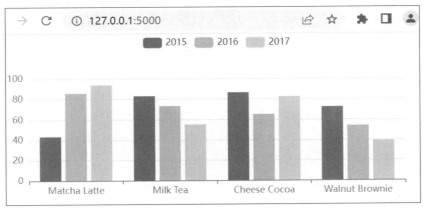

图 6-24　简单柱状图

有了简单柱状图，下一步就是从 MySQL 数据库中获取数据渲染这个网页。

6.4.3　从 MySQL 数据库中获取数据并在 ECharts 视图中展示

1．分析 ECharts 简单柱状图数据及其格式

打开 dataset-simple0.html，查看数据集部分代码及其格式，如图 6-25 所示。

```
flask_test.py × | dataset-simple0.html ×
    legend: {},
    tooltip: {},
    dataset: {
      source: [
        ['product', '2015', '2016', '2017'],
        ['Matcha Latte', 43.3, 85.8, 93.7],
        ['Milk Tea', 83.1, 73.4, 55.1],
        ['Cheese Cocoa', 86.4, 65.2, 82.5],
        ['Walnut Brownie', 72.4, 53.9, 39.1]
      ]
    },
```

图 6-25　查看数据集部分代码及其格式

数据集的 source 对应的是一个列表，列表内的元素也都是列表，每一个列表都有固定长度，第 1 个列表项反映的是图例的内容（包括图例名称和图例项），其余列表项第 1 个元素是列轴标签，其他元素对应图例的柱图数值。要想分析视图的数据格式，只需把要展示的 GDP 数据转换为列表格式。MySQL 数据库中的数据与列表格式一致，只需将 fetchall()函数读取的数据转换为列表形式，再在第 1 个列表项前加上图例的有关数据。

2．编写 Flask 代码渲染 HTML 模板

在“if __name__ == "__main__":”语句前添加以下渲染 HTML 模板的函数代码。

```
import pymysql
#获取数据库 MySQL 数据并将其转换为 JSON 格式
@app.route('/db',methods=['GET','POST'])
def my_test_db():
   #连接数据库
    connection = pymysql.connect(host='localhost',
                                 user='root',
                                 password="123456",
                                 database="testdb",
                                 port=3306,
                                 charset='utf8'
                                 )
    cur=connection.cursor()     #游标（指针），以 cursor 的方式操作数据
    sql='SELECT * FROM tb'      #SQL 语句
    cur.execute(sql)            #execute(query, args)：用于执行单条 SQL 语句
```

```
see=cur.fetchall()      #使结果全部可见
li_see=list(see)        #将元组转换为列表
for i in range(len(see)):
    li_see[i]=list(li_see[i])      #将每一项元组转换为列表
li_see.insert(0,['年度 GDP','1999 年(万亿)','2010 年(万亿)','2020 年(万
亿)'])  #在第 1 个列表项前插入图例数据
print(li_see)
#创建 JSON 格式数据
jsonData={}
jsonData['data1']=li_see
 #将 JSON 格式转成字符串,如果直接将字典类型的数据写入 JSON 会报错,因此将数据写入时需
要用到 json.dumps()函数
j=json.dumps(jsonData,ensure_ascii=False)
cur.close()        #关闭游标
connection.close()      #关闭链接
#渲染 HTML 模板
return (j)
```

运行程序后，在浏览器中查看返回的数据，如图 6-26 所示。

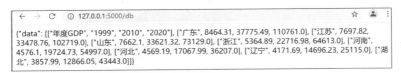

图 6-26　查看返回的数据

3．修改 HTML 文件

（1）打开 dataset-simple0.html，增加 jQuery 的引用语句，语句如下。

```
<script type="text/javascript" src="../static/js/jquery-3.5.1.js"></script>
```

增加 jQuery 的引用语句的部分代码如图 6-27 所示。

图 6-27　增加 jQuery 的引用语句的部分代码

（2）将<script type="text/javascript">和</script>之间的 JS 代码剪切暂存（建议保存在记事本中），如图 6-28 所示。

```
33      <script type="text/javascript">
34          var dom = document.getElementById('container');
35          var myChart = echarts.init(dom, null, {
36              renderer: 'canvas',
37              useDirtyRect: false
38          });
```

图 6-28　将 JS 代码剪切暂存

（3）添加 AJAX 异步代码，代码如下。

```
<script type="text/javascript">
$.ajax({
type:'GET',
url:"http://127.0.0.1:5000/db",
dataType:'json',
success:function(data){
    console.log(data);
    //HTML 原本剪切暂存的 JS 代码全部被复制到此处
    }
    });


</script>
```

运行程序，打开页面，按"F12"键查看返回的数据，如图 6-29 所示。

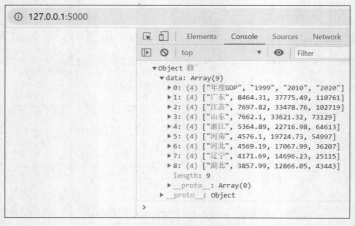

图 6-29　添加 AJAX 异步代码

图 6-29 说明已经接收到数据。

（4）复制并修改（只修改一处）剪切的 JS 代码，如图 6-30 所示。

```
39        console.log(data);
40        //将剪切暂存的JS代码复制到此处
41        var dom = document.getElementById('container');
42     var myChart = echarts.init(dom, null, {
43        renderer: 'canvas',
44        useDirtyRect: false
45     });
46     var app = {};
47     var option;
48     option = {
49   legend: {},
50   tooltip: {},
51   dataset: {
52     source: data['data1']
53   },
54   xAxis: { type: 'category' },
55   yAxis: {},
```

图 6-30　复制并修改剪切的 JS 代码

修改 source 对应的数据，将数据集的 source 对应的静态数据改为接收到的数据。
data['data1'] 与渲染模板的数据格式是一致的。

4．视图展示

运行程序，打开页面，接收 MySQL 数据的柱状图，如图 6-31 所示。

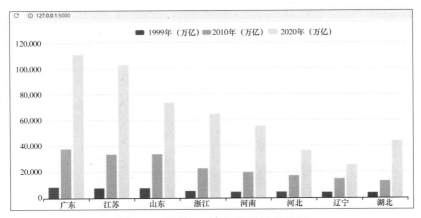

图 6-31　接收 MySQL 数据的柱状图

说明：ECharts 视图显示，是利用 ECharts 模板进行的数据分析显示，最简便的方式是对原有数据进行更换，利用模板的显示方式进行数据分析。图 6-31 不方便加坐标单位或名称。

至此，使用 Flask+MySQL+ECharts 实现联动视图的完整项目就结束了。

第 7 章　机器学习模块 sklearn

scikit-learn 又写作 sklearn，是一个开源的基于 Python 语言的机器学习工具包。它通过 NumPy、SciPy 和 Matplotlib 等库实现高效的算法应用，并且涵盖了大多数主流机器学习算法。在机器学习和数据挖掘的应用中，sklearn 是一个功能强大的 Python 包。在数据量不是很多的情况下，sklearn 可以解决大部分问题。

sklearn 常用的功能模块有回归、分类、聚类等。

7.1　sklearn 线性回归

回归分析是确定两种或两种以上变量间定量关系的统计分析方法。按照变量的多少，回归分析分为一元回归分析和多元回归分析；按照因变量的多少，回归分析分为简单回归分析和多重回归分析；按照自变量和因变量之间的关系类型，回归分析分为线性回归分析和非线性回归分析。

7.1.1　一元线性回归模型的训练

寻找模型算法的过程就是对数据集数据进行算法训练的过程，对于较大的数据集，一般会将样本分为训练集、验证集和测试集 3 个独立的部分。训练集用于建立模型，就是通过训练集的数据确定拟合曲线的参数。验证集用于辅助构建模型，优化最终模型。验证集是可选的。测试集用于检验模型的性能。在实际应用中，一般我们只做训练集与测试集的切分和实践，由测试集替代验证集验证模型的准确性。

由于上海市二手房数据集的数据量过大，二手房所属城区不同，价格差异大，不宜使用一元线性回归分析，因此为了演示一元线性回归模型的训练验证过程，特选取其中一个板块进行实践。以浦东北蔡板块的二手房数据为例形成数据集，将其中的数据随机抽取出来作为训练集和测试集。假设我们随机抽取 80% 的数据用于训练，从而获得模型，抽取 20% 的数据用于判断模型的准确性，因此我们可以使用 sklearn 来实现数据集的切分和模型训练集群的预测。代码如下。

【动动手练习 7-1】　一元线性回归模型的训练

```
#-*-coding:utf-8-*-
import pandas as pd
from sklearn import linear_model
import matplotlib.pyplot as plt
plt.rcParams['font.sans-serif'] = ['SimHei']
plt.rcParams['axes.unicode_minus'] = False
from sklearn.model_selection import train_test_split
df = pd.read_csv('d:\\data\\esf_result2020.csv',encoding='ANSI')
#筛选指定内容
df=df[df.所在板块=='北蔡']
df=df[['面积/m²', '总报价/万元']]
#除去带有空值的行
df = df.dropna()
#删除重复行
df.drop_duplicates(inplace=True)
df=df.reset_index(drop=True)    #重置索引
#拆分训练集和测试集
x=df[['面积/m²']]            #二维数据，不能是一维序列
y=df[['总报价/万元']]        #二维数据
x_train, x_test,y_train, y_test=train_test_split(x,y,train_size=0.8, test_size = 0.2)
#建立线性回归模型
lr = linear_model.LinearRegression()
#使用训练集进行拟合
lr.fit(x_train, y_train)
#给出测试集的预测结果
```

```
    y_pred = lr.predict(x_test)

    #print(y_pred)

    print('训练获得线性回归模型：y={:.3f}*x{:.3f}'.format (lr.coef_[0][0],
lr.intercept_[0]))

    plt.title(u'预测值与实际值的比较（一元线性回归)',size=20)

    plt.ylabel(u'总报价/万元',size=18)

    plt.plot(range(len(y_pred)), y_pred, 'red', linewidth = 2.5, label="预测值",
linestyle='--')

    plt.plot(range(len(y_test)),y_test,'green',label="实际(测试)值")

    plt.tick_params(labelsize=15)

    plt.legend(loc=2,fontsize=18)

    #显示预测值与测试值曲线

    plt.show()
```

训练获得的线性回归模型：y=10.018*x-232.261。

预测值与实际值的比较如图 7-1 所示。

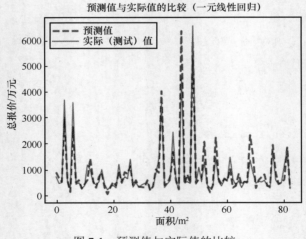

图 7-1　预测值与实际值的比较

其中，横坐标是数据项的编号，测试集共有 83 条记录（可自行查看测试集的记录长度），纵坐标分别用虚线和实线表示了测试集预测报价与实际报价的对比。仔细观察，我们会发现在总报价的低点位预测相对准确，在高点位就不那么靠谱。这是为什么？

因为我们在处理数据时缺失了一个环节，就是检查奇异点，线性回归对奇异点比较敏感。故要重新对奇异点进行检查,检查后可将大于 2000 万元的数据去除,df=df[df['

总报价/万元']<2000]），再进行预测对比。

由于使用的测试集是随机抽取的，因此每次执行后的结果是不一样的。

7.1.2　线性回归模型的评估方法

线性回归模型的评估参数主要包括：SSE（误差平方和），即拟合数据与原始数据对应点的误差平方和；MSE（均方误差），即预测数据与原始数据误差平方和的均值；RMSE（均方根误差），即 MSE 的平方根；R-平方值（确定系数，也叫决定系数），是 SSR（预测数据与原始数据的均值之差的平方和）与 SST（原始数据与均值之差的平方和）的比值，越接近 1 表示拟合能力越强。

常用的参数主要是 R-平方值。使用 R-平方值的好处是对数据进行归一化处理后，更容易看出模型之间的差距。

【动动手练习 7-2】　计算线性回归模型的评估参数

接【动动手练习 7-1】的代码，首先导入可解释方差值包（explained_variance_score）、平均绝对误差包（mean_absolute_error）、均方误差包（mean_squared_error）、中值绝对误差包（median_absolute_error）和 R-平方值包（r2_score），然后分别将自变量的实际值和预测值作为参数代入，计算模型的评估值。代码如下。

```
from sklearn.metrics import explained_variance_score,\
mean_absolute_error,\
mean_squared_error,\
median_absolute_error,\
r2_score
print('上海北蔡板块数据线性回归模型的平均绝对误差: ',
    mean_absolute_error(y_test,y_pred))
print('上海北蔡板块数据线性回归模型的均方误差: ',
    mean_squared_error(y_test,y_pred))
print('上海北蔡板块数据线性回归模型的中值绝对误差: ',
    median_absolute_error(y_test,y_pred))
print('上海北蔡板块数据线性回归模型的可解释方差值: ',
    explained_variance_score(y_test,y_pred))
print('上海北蔡板块数据线性回归模型的R-平方值: ',r2_score(y_test,y_pred))
```

运算结果如图 7-2 所示。

上海北蔡板块数据线性回归模型的平均绝对误差： 163.4056530103784
上海北蔡板块数据线性回归模型的均方误差： 93388.09126302405
上海北蔡板块数据线性回归模型的中值绝对误差： 84.33475235921549
上海北蔡板块数据线性回归模型的可解释方差值： 0.8983318274725162
上海北蔡板块数据线性回归模型的R-平方值： 0.8974921858772604

图 7-2　线性回归评估结果

　　均方误差（MSE）是反映估计量与被估计量之间差异程度的一种度量，是指参数估计值与参数真实值之差平方的期望值。MSE 可以用于评价数据的变化程度，MSE 的值越小，拟合程序越好，说明用预测模型描述实验数据更精确。如果 MSE=0，则是完全拟合，是过拟合的极端，当然，这种情况与预测相背离。

　　R-平方值一般作为线性回归的准确率，越接近 1 越好。R-平方值越接近 1，表明方程的自变量对 y 的解释能力越强，这个模型对数据拟合得也较好；越接近 0，表明模型拟合得越差。R-平方值的缺点：数据集的样本越大，R-平方值越大，因此不同数据集的模型结果会有一定的误差。

7.1.3　分割数据集的方法

　　sklearn 封装的类包括回归、降维、分类、聚类等。sklearn 具有以下特点。

- 拥有简单高效的数据挖掘和数据分析工具。

- 建立在 NumPy、SciPy、Matplotlib 上，即安装使用 sklearn 必须先安装这 3 个库。

　　在机器学习中，train_test_split()函数可按照用户设定的比例，随机将样本集合划分为训练集和测试集，并返回划分好的训练集和测试集数据。其一般格式如下。

```
X_train,X_test, y_train, y_test
=sklearn.model_selection.train_test_split(X,y,train_size;test_size, random_state)
```

　　参数说明如下。

　　① X：待划分的样本特征集合。

　　② y：待划分的样本标签。

　　③ train_size/test_size：值为 0～1，是训练集/测试集样本数目与原始样本数目之比。

　　④ random_state：随机数种子，用于控制随机状态。随机数种子其实就是该组随机数的编号，在需要重复试验时，保证得到一组一样的随机数。例如在每次编号都填 1、其他参数一样的情况下，得到的随机数组是一样的；但编号填 0 或不填，每次得到的随机数组都不一样。

　　随机数的产生取决于种子，随机数和种子之间的关系遵从两个规则：种子不同，产生不同的随机数；种子相同，即使实例不同也产生相同的随机数。

　　固定 random_state 为一个整数（大于 0 的任何整数均可，例如 random_state = 42）

后，每次构建的模型是相同的，生成的数据集是相同的，拆分的结果也是相同的。通常，我们希望重复执行时，训练集也是一样的。

⑤　X_train：划分的训练集数据。

⑥　X_test：划分的测试集数据。

⑦　y_train：划分的训练集标签。

⑧　y_test：划分的测试集标签。

7.1.4　最小二乘法线性回归

最小二乘法线性回归是获取多元线性回归模型（包括一元线性回归）的基本工具。

1．线性回归实例化方法

线性回归实例化方法用于返回一个线性回归模型，其损失函数为误差均方函数。一般格式如下。

```
lr = sklearn.linear_model.LinearRegression(fit_intercept=True, normalize=False)
```

主要参数说明如下。

①　fit_intercept：用于判断是否计算模型的截距，默认为 True，为 False 时则进行数据中心化处理。

②　normalize：是标准化开关，默认为 False 表示关闭。

一般采用默认参数简单实例化：lr = sklearn.linear_model.LinearRegression()。

2．调用方法（从训练模型中获得的方法）

- coef_：表示斜率。训练后的输入端模型系数如果有两个标签（即 y 值有两列），那么该模型是一个二维数组，以此类推。
- intercept_：表示截距。
- predict(x)：表示预测数据。
- score：表示评估。

3．Python 实现

利用 sklearn 自带的糖尿病病情数据集，通过最小二乘法线性回归得到模型。代码如下。

```
#coding:utf-8
#导入数据包
import numpy as np
from sklearn import datasets , linear_model
```

```
from sklearn.model_selection import train_test_split
import matplotlib.pyplot as plt
#加载糖尿病病情数据集
diabetes = datasets.load_diabetes()
#将一维数组转为二维矩阵
X = diabetes.data[:,np.newaxis ,2] #或 diabetes.data[:,2].reshape (diabetes.
data[:,2].size,1)  #或 diabetes.data[:,2].reshape (-1,1)获取第三项指标数据作为自变量
y = diabetes.target   #获取目标标签作为因变量
X_train , X_test , y_train ,y_test = train_test_split(X,y,test_size=0.2,
random_state=42)
#导入模型，模型参数为默认
LR = linear_model.LinearRegression()
#训练模型
LR.fit(X_train,y_train)
#预测模型 LR.predict(X_test)，此时输出类别数据
#打印截距
print('截距 intercept_:%.3f' % LR.intercept_)
#打印模型系数
print('斜率 coef_:%.3f' % LR.coef_)
if LR.intercept_>0:
        print('训练获得线性回归模型方程表达式：\
        y={:.3f}*x+{:.3f}' .format(LR.coef_[0],LR.intercept_))
else:
        print('训练获得线性回归模型方程表达式：\
        y={:.3f}*x{:.3f}' .format(LR.coef_[0],LR.intercept_))
plt.scatter(X_test , y_test ,color ='green')
plt.plot(X_test ,LR.predict(X_test) ,color='red',linewidth =3)
plt.ylabel(u'病情数值')
plt.xlabel('体重指数')
plt.show()
```

在上述代码中，diabetes 是一个关于糖尿病病情的数据集，该数据集包括 442 个病人的生理数据及一年以后的病情发展情况数据。

数据集中的特征值共 10 项：年龄、性别、体重指数、血压、s1、s2、s3、s4、s4、

s6（6 种血清的化验数据）。

注意，以上数据是经过特殊处理的，10 项特征值都进行了均值中心化处理，又用标准差乘以个体数量调整了数值范围。因此验证时会发现任何一列的所有数值平方和均为 1。

代码运行的结果如下。

```
截距 intercept_:152.003
斜率 coef_:998.578
```

训练获得线性回归模型：y=998.578*x+152.003。

糖尿病病情发展情况线性回归模型如图 7-3 所示。

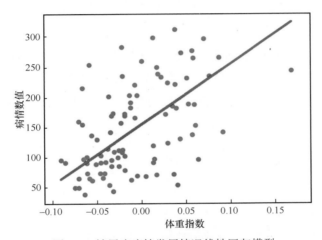

图 7-3　糖尿病病情发展情况线性回归模型

7.2　sklearn 分类算法

sklearn 常用的分类算法（又称分类器）有 KNN（K 近邻）查询算法、贝叶斯算法、决策树算法、随机森林算法、SVM（支持向量机）算法等。

7.2.1　与分类器相关的概念

1．监督学习

监督学习是从给定标注（训练集给出明确的因变量 *Y*）的训练数据集中学习一个函数，根据这个函数对新数据进行标注。

2．无监督学习

无监督学习是从给定无标注（训练集无明确的因变量 Y）的训练数据中学习出一个函数，根据这个函数对所有数据进行标注。

3．分类算法

分类算法是通过对已知类别训练数据集的分析中发现分类规则，以此预测新数据的类别。分类算法属于监督学习。

4．分类问题的验证方法

分类问题的验证方法主要有以下两种。

① 交叉验证：将数据集分为训练集与测试集，训练集负责训练获取分类模型，测试集负责验证模型、计算得分。

② K 折交叉验证：把原来的数据集随机分为 10 份，分别为{D1,D2,D3,…,D10}；使用 D1 作为测试集，{D2,D3,…,D10}作为训练集，计算得分 S1；依次进行，直到使用 D10 作为测试集，{D1,D2,…,D9}作为训练集，计算得分 S10。计算{S1,S2,…,S10}的平均值，作为模型的综合评分。

7.2.2　K 近邻查询算法

1．K 近邻查询算法简介

K 近邻查询算法是从训练集中找到和新数据最接近的 K 条记录，然后根据它们的主要分类决定新数据的类别。

K 近邻查询算法属于最简单的机器学习算法，其核心思想是每个样本都可以用它最接近的 K 个邻近值来表示，即如果一个样本在特征空间中的 K 个最相邻的样本的大多数属于某一个类别，则该样本也属于这个类别，并具有这个类别上样本的特性。所以 K 近邻查询算法的结果在很大程度上取决于 K 的选择。如图 7-4 所示，中间的圆就被判为三角形。

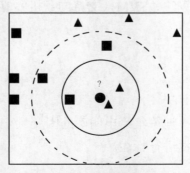

图 7-4　K 近邻查询算法的判断示意

2．K 近邻查询算法的优缺点

优点：简单，易于理解，易于实现，不需要估计参数，不需要训练；适合对稀有事件进行分类；特别适用于多分类问题（对象具有多个分类标签，比 SVM 表现更好）。

缺点：当样本不平衡（一个类样本容量很大，其他类样本容量很小）时，该样本的 K 个邻居中大容量的样本占多数；计算量较大，因为对每一个待分类的样本，都要计算它到全体已知样本的距离；针对结果无法给出像决策树那样的规则。

3．程序实现

以鸢尾花数据集为例，基于 Python 中的 sklearn 包实现分类。鸢尾花数据集是常用的分类实验数据集，即鸢尾花数据集是一个多重变量数据集，通过 4 个属性（花萼长度、花萼宽度、花瓣长度、花瓣宽度）来预测属于 3 类鸢尾花中的哪一类。代码如下。

```
import pandas as pd
iris = pd.read_csv(r'd:\\data\\鸢尾花数据集.csv',engine='python', encoding='gbk')
#切分训练集
from sklearn.model_selection import train_test_split
#将数据集按 7：3 切分为训练集和测试集（特征数据和目标数据）
data=iris[['花萼长度_cm','花萼宽度_cm','花瓣长度_cm','花瓣宽度_cm']]   #特征数据
target=iris['品种']   #目标数据
data_train, data_test, target_train, target_test = train_test_split(
        data, target, test_size=0.3)   #测试集占30%
#使用 K 近邻查询算法建模（1 折交叉验证）
from sklearn import neighbors
knnmodel = neighbors.KNeighborsClassifier(n_neighbors=3)
#n_neighbors 参数为分类个数
knnmodel.fit(data_train,target_train)   #拟合
print('模型交叉验证评估：',knnmodel.score(data_train,target_train))
#K 折交叉验证
from sklearn.model_selection import cross_val_score
#使用 cross_val_score 函数传入模型、特征数据、目标数据和 K 值
print('5 折交叉验证评估：',cross_val_score(knnmodel,data,target,cv=5))
#预测模型，得到分类结果
print(knnmodel.predict([[5.8,3.7,5.9,1.8]]))
```

运行结果如下。

```
模型交叉验证评估:  0.9523809523809523
5 折交叉验证评估:  [0.96666667  0.96666667  0.93333333  0.96666667  1.    ]
['弗吉尼亚鸢尾']
```

使用 K 近邻查询算法通过测试集的训练获得的分类模型，经验证集交叉验证评估分值为 95%以上。将数据集分为 5 份后进行 5 折交叉验证评估分别得到的分值，以列表形式返回。最后对['花萼长度_cm','花萼宽度_cm','花瓣长度_cm','花瓣宽度_cm']的具体数据进行目标特征的预测，给出['弗吉尼亚鸢尾']预测结果。

7.2.3 贝叶斯算法

1．贝叶斯算法简介

贝叶斯算法是统计学的一种分类方法，是利用贝叶斯定理的概率统计知识，对离散型数据进行分类的算法。

朴素贝叶斯算法的思想：对于给出的待分类项，求解在此项出现的条件下各个类别出现的概率，哪个出现的概率最大，就认为待分类项属于哪个类别。

sklearn 包的 naive_bayes 模块有以下 3 种贝叶斯算法。

① 高斯贝叶斯算法：适用于特征值符合正态分布的数据，不需要知道具体每个样本的数值，只需知道样本符合什么样的正态分布。

② 伯努利贝叶斯算法：适用于特征值符合伯努利分布的数据。

③ 多项式贝叶斯算法：不知道特征值符合哪种分布时，使用多项式贝叶斯算法计算每个特征的概率，所以需要知道每个特征值的数值大小（最常用于文本分类）。

2．贝叶斯算法的优缺点

优点：方法简单，分类准确率高；在接受大数据量训练和查询时速度快。

缺点：由于贝叶斯定理假设一个属性值对给定类的影响独立于其他属性的值，而此假设在实际情况中经常是不成立的，因此其分类准确率可能会下降，即无法处理基于特征组合产生的变化。

3．程序实现

使用多项式贝叶斯算法实现新闻文本分类，训练集和测试集在"新闻文本分类"文件夹下，4 个训练集文件 education_train.txt、it_train.txt、finance_train.txt 和 transport_train.txt 分别包含教育类、IT 类、金融类和交通运输类新闻文本训练数据，文件 test_data.txt 包含测试数据集。完整代码如下。

```
import pandas as pd
```

```
from sklearn.feature_extraction.text import CountVectorizer
```

#从 sklearn.feature_extraction.text 中导入文本特征向量化模块

```
df_1=pd.read_table (r'd:\\新闻文本分类\\education_train.txt', encoding= 'utf-8',
engine='python',names=['text'],header=None)
```

```
df_1['class']='教育类'
```

```
df_2=pd.read_table (r'd:\\新闻文本分类\\it_train.txt', encoding= 'utf-8',
engine='python',names=['text'],header=None)
```

```
df_2['class']='IT 类'
```

```
df_3=pd.read_table (r'd:\\新闻文本分类\\finance_train.txt',encoding= 'utf-8',
engine='python',names=['text'],header=None)
```

```
df_3['class']='金融类'
```

```
df_4=pd.read_table (r'd:\\新闻文本分类\\transport_train.txt',encoding= 'utf-8',
engine='python',names=['text'],header=None)
```

```
df_4['class']='交通运输类'
```

#建立含多篇文本的语料库，并指定文本类别、文本分词，然后对文本进行向量化处理

```
df=pd.concat([df_1,df_2,df_3,df_4])    #连接多个 DataFrame
```

```
df=df.reset_index(drop=True)     #重新设置索引
```

#文本特征向量化

```
vec = CountVectorizer()     #实例化 CountVectorizer
```

```
X_train = vec.fit_transform(df['text'])    #调用 fit_transform 转换数据
```

#使用多项式贝叶斯建模

```
from sklearn.naive_bayes import MultinomialNB
```

#建立多项式贝叶斯分类模型

```
MNBmodle = MultinomialNB()
```

#将文本向量作为特征值传入，将分类序列作为目标序列传入

```
MNBmodle.fit(X_train,df['class'])  #拟合
```

```
print(vec.get_feature_names())       #打印特征值
```

#传入新文本，向量化后进行分类预测

```
df_test=pd.read_table (r'd:\\新闻文本分类\\test_data.txt', encoding='utf-8',
engine='python',names=['text'],header=None)
```

#新内容的文本向量

```
newTextVector = vec.transform(df_test['text'])
```

#预测

```
df_test['class']=MNBmodle.predict(newTextVector)
print(df_test)
```

运行结果（部分）如下。

	text	class
0	翻倍基金再现　入场权益市场时机到了？	金融类
1	江苏"网红校长"再出金句：大学不是避风港和游乐场	教育类
2	首批公募 FOF 成立 3 年 平均收益逾 28%	金融类
3	新 IT 架构驱动智慧城市高质量发展，联想关洪峰 MWC 上海演讲引关注	IT 类
4	陕西交通运输行业营商环境优化实现新突破	交通运输类
5	全球科技巨头"聚义"浪潮，IT 世界"集大成者"要搞事情	IT 类

CountVectorizer 属于特征数值计算类，是一个文本特征提取方法。对于每一个训练文本，它只考虑每种词汇在该训练文本中出现的频率。

CountVectorizer 会将文本中的词语转换为词频矩阵，通过 fit_transform() 函数计算各个词语出现的次数。CountVectorizer 可实现文本的特征抽取，通过 get_feature_names() 函数看到所有文本的关键字。针对非连续型数据，对文本等进行特征值化，特征值化是为了让计算机更好地理解数据。

依据身高体重进行性别的分类是机器学习的经典案例，以此比较使用朴素贝叶斯 3 种算法的预测结果。代码如下。

```
import pandas as pd
from sklearn.model_selection import train_test_split
df= pd.read_csv('d:\\data\\hw.csv', delimiter=',')
#类型转换
df['体重'] = df['体重'].astype(float)
df['身高'] = df['身高'].astype(float)
#拆分训练集和测试集
x_train, x_test,y_train, y_test=train_test_split(df[['身高', '体重']],df[['性别']],train_size=0.8, test_size = 0.2)
#建立朴素贝叶斯分类模型，导入多项式朴素贝叶斯
from sklearn.naive_bayes import MultinomialNB
classifier = MultinomialNB()
#测试集拟合
classifier.fit(x_train, y_train.values.ravel())
#评价结果
```

```
print('使用多项式贝叶斯拟合结果: ',classifier.score(x_test,y_test))
#导入高斯贝叶斯
from sklearn.naive_bayes import GaussianNB
#使用高斯贝叶斯拟合数据
gnb = GaussianNB()
gnb.fit(x_train,y_train.values.ravel())
#评价结果
print('使用高斯贝叶斯拟合结果: ',gnb.score(x_test,y_test))
#导入贝努利贝叶斯
from sklearn.naive_bayes import BernoulliNB
#使用伯努利贝叶斯拟合数据
clf = BernoulliNB()
clf.fit(x_train,y_train.values.ravel())
#评价结果
print('使用伯努利贝叶斯拟合结果: ',clf.score(x_test, y_test))
```

运行结果如下。

使用多项式贝叶斯拟合结果: 0.8181818181818182

使用高斯贝叶斯拟合结果: 0.9090909090909091

使用伯努利贝叶斯拟合结果: 0.36363636363636365

从结果可知，依据身高体重进行性别的分类最适合的算法是高斯贝叶斯，其次为多项式贝叶斯，最不合适的算法是伯努利贝叶斯。这是因为数据集的特征值并不符合伯努利分布的数据。

上述程序使用了 ravel()函数，结果是返回一个连续的扁平数组。该函数是 NumPy的一个方法，因此，不能直接对 y_train 使用 ravel()函数，y_train 是一个 DataFrame，而 DataFrame 没有该方法。y_train.values 的结果是一个"numpy.ndarray"，可以使用 ravel()函数将其转换为一个扁平数组。

7.2.4　决策树算法

1．决策树算法简介

决策树算法通过对训练样本进行学习，并建立分类规则，然后依据分类规则对新样本数据进行分类预测。

决策树是在已知各种情况发生概率的基础上，通过构成决策树来求净现值的期望值大于等于零的概率，以此评价项目风险，判断其可行性。决策树是直观运用概率分析的一种图解法。

决策树是一种树形结构，其中每个内部节点表示一个属性上的测试，每个分支代表一个测试输出，每个叶节点代表一种类别。

2．决策树算法的优缺点

优点：易于理解和实现，可同时处理数值型和非数值型数据。

缺点：较难预测连续字段；对有时间顺序的数据，需要进行很多预处理工作；当类别较多时，错误可能增加得比较多。

3．程序实现

以鸢尾花数据集为例，导入 tree.DecisionTreeClassifier()决策树分类器，进行目标预测和评估。代码如下。

```
import pandas as pd

iris = pd.read_csv(r'd:\\data\\鸢尾花数据集.csv',engine='python',encoding=
'gbk')

#切分训练集

from sklearn.model_selection import train_test_split

#将数据集按7:3切分为训练集和测试集（即特征数据和目标数据）

data=iris[['花萼长度_cm','花萼宽度_cm','花瓣长度_cm','花瓣宽度_cm']]   #特征数据

target=iris['品种']   #目标数据

data_train, data_test, target_train, target_test = train_test_split(
        data, target, test_size=0.3)  #测试集占30%

#导入决策树包

from sklearn import tree

clf=tree.DecisionTreeClassifier()     #构建决策树分类器（要有括号）

clf.fit(data_train,target_train)       #训练集拟合产生模型

#任意给定一个花萼长度、花萼宽度、花瓣长度、花瓣宽度的序列进行目标预测

print('依据给定的序列预测目标：',clf.predict([[4.1,6.5,1.4,1.2]]))

#评估

print('决策树评估得分：',clf.score(x_test,y_test))
```

运行结果如下。

```
依据给定的序列预测目标： ['山鸢尾']
决策树评估得分： 0.9555555555555556
```

7.2.5　随机森林算法

1．随机森林算法简介

随机森林算法是一个包含多个决策树的分类器，并且其输出类别由个别树输出类别的众数决定。

随机森林算法几乎能预测任何数据类型，它是一个相对较新的机器学习方法。

2．随机森林算法的优缺点

优点：适合离散型和连续型的数据；对海量数据，避免出现过度拟合的问题；对高纬度数据（文本或语音类型的数据），不会出现特征选择困难的问题；实现简单，训练速度快，适合进行分布式计算。

缺点：随机森林已经被证明在某些噪声较大的分类或回归问题上会过度拟合；对于有不同取值属性的数据，取值划分较多的属性会对随机森林产生较大的影响，所以随机森林在这种数据上产生的属性权值是不可信的。

3．程序实现

比较决策树模型和随机森林模型的评分。首先构建模型，通过交叉检验进行评估。由于随机森林算法基于决策树算法，所以数据处理步骤与决策树算法相同。代码如下。

```
import pandas as pd
iris = pd.read_csv(r'd:\\data\\鸢尾花数据集.csv',engine='python',encoding='gbk')
#切分训练集
from sklearn.model_selection import train_test_split
#将数据集按 7∶3 切分为训练集和测试集（即特征数据和目标数据）
data=iris[['花萼长度_cm','花萼宽度_cm','花瓣长度_cm','花瓣宽度_cm']]    #特征数据
target=iris['品种']   #目标数据
data_train, data_test, target_train, target_test = train_test_split(
        data,  target,  test_size=0.3)   #测试集占 30%
#导入机器学习包
from sklearn.tree import DecisionTreeClassifier          #决策树包
from sklearn.ensemble import RandomForestClassifier       #随机森林包
from sklearn.model_selection import cross_val_score      #交叉验证支持包
#比较决策树模型和随机森林模型的评分
dtmodel = DecisionTreeClassifier()    #决策树模型
```

```
#dtmodel.fit(data_train,target_train)
dtscroe = cross_val_score(dtmodel,data_test,target_test,cv=10)
print('决策树交叉验证评估：',dtscroe.mean())
rfcmodel = RandomForestClassifier()        #随机森林模型
#rfcmodel.fit(data_train,target_train)
rfcscore = cross_val_score(rfcmodel,data_test,target_test,cv=10)
print('随机森林交叉验证评估：',rfcscore.mean())      #评分优于决策树算法
```

运行结果如下。

决策树交叉验证评估：0.9166666666666666

随机森林交叉验证评估：0.9800000000000001

可多次运行并分析结果，一般结果是随机森林算法的评分优于决策树算法的评分。

使用交叉检验最简单的方法是在估计器上调用 cross_val_score()函数。该函数的主要参数（前 3 个）：需要使用交叉验证的算法（模型）、特征属性、目标属性。cv 表示交叉验证折数或可迭代的次数。

随机森林模型评分存在阈值，决策树算法经过参数调优后，模型评分可以达到该阈值。

```
#进行参数调优
dtmodel = DecisionTreeClassifier(max_leaf_nodes=8)
dtscroe = cross_val_score(dtmodel,data_test,target_test,cv=10)
print('决策树调优后交叉验证评估',dtscroe.mean())    #评分明显提高

rfcmodel = RandomForestClassifier(max_leaf_nodes=8)
rfcscore = cross_val_score(rfcmodel,data_test,target_test,cv=10)
print('随机森林调优后交叉验证评估',rfcscore.mean())
```

运行结果如下。

决策树调优后交叉验证评估 0.9550000000000001

随机森林调优后交叉验证评估 0.93

决策树算法通过设置最大叶节点数 max_leaf_nodes 的值，进行调优后，评分会显著提高，超过随机森林算法。

7.2.6　SVM 算法

1．SVM 算法简介

SVM 是一种二分类算法，属于一般化线性分类器。这种分类器的特点是能够同

时最小化经验误差与最大化几何边缘区，因此 SVM 也称为最大边缘区分类器。

SVM 算法的主要思想为找到空间中一个能够划分所有数据样本的超平面，并且使样本集中所有数据到这个超平面的距离最短。

2．SVM 算法的优缺点

优点：SVM 算法的最终决策函数只由少数支持向量决定，计算的复杂度取决于支持向量的数目，而不是样本空间的维数，这在某种意义上避免了"维数灾难"；少数支持向量决定了最终结果，有利于抓住关键样本、"剔除"大量冗余样本；对小样本、非线性及高维模式识别表现出许多特有的优势。

缺点：SVM 算法对大规模训练样本难以实施；难以用 SVM 算法解决多分类问题。

3．程序实现

SVM 算法模型可以分为 3 种：svm.LinearSVC、svm.NuSVC、svm.SVC。下面根据数据构建简单 SVM 算法模型（无参数调优），代码如下。

```
import pandas as pd
iris = pd.read_csv(r'd:\\data\\鸢尾花数据集.csv',engine='python',encoding='gbk')
#切分训练集
from sklearn.model_selection import train_test_split
#将数据集按 7:3 切分为训练集和测试集（特征数据和目标数据）
data=iris[['花萼长度_cm','花萼宽度_cm','花瓣长度_cm','花瓣宽度_cm']]    #特征数据
target=iris['品种']   #目标数据
data_train, data_test, target_train, target_test = train_test_split(
        data,  target,  test_size=0.3)   #测试集占 30%
#导入交叉验证支持包
from sklearn.model_selection import cross_val_score
#导入 SVM 模型包
from sklearn import svm
#根据 3 种方式分别建模，得到模型评分
svmmodel1 = svm.SVC()
print('SVC 交叉验证评估:',cross_val_score(svmmodel1,data,target, cv=3).mean())
#3 折验证
svmmodel2 = svm.NuSVC()
print('NuSVC 交叉验证评估: ',cross_val_score(svmmodel2,data,target, cv=3).mean())
svmmodel3 = svm.LinearSVC()
print('LinearSVC 交叉验证评估: ',cross_val_score(svmmodel3,data,target, cv=3).mean())
```

运行结果如下。

SVC 交叉验证评估： 0.9734477124183006

NuSVC 交叉验证评估： 0.9734477124183006

LinearSVC 交叉验证评估： 0.9669117647058822

SVC 交叉验证评估和 **NuSVC** 交叉验证评估相同，取 **NuSVC** 交叉验证评估建模，代码如下。

```
s2 = svm.NuSVC()
s2.fit(data_train,target_train)
print('NuSVC 模型评估得分: ',s2.score(data_test,target_test))
```

运行结果如下。

NuSVC 模型评估得分： 0.9777777777777777

7.3　sklearn 聚类算法

聚类是一种无监督学习，用于将相似的对象归到同一个类（簇）中。聚类源于分类，但不等于分类。两者最大的区别：聚类要划分的类是未知的，也就是没有数据标记，没有标记则不知道最佳结果（训练目标），不需要训练数据，这是无监督学习的共性；分类可确定数据类别，训练数据是有标记的，属于监督学习，分类的结果是生成一个函数（或者模型）。另外，无监督学习除了聚类外，还包括离散点检测、降维等。

sklearn 常用的聚类方法包括 K 均值聚类算法、DBSCAN 算法、BIRCH 算法等。本节仅以 K 均值聚类算法为例进行讲解。

7.3.1　K 均值聚类算法的基本原理

K 均值聚类算法是最流行的聚类算法，是一种通过均值对数据点进行聚类的算法。K 均值聚类算法通过预先设定的 K 值及每个类别的初始质心对相似的数据点进行划分。

1．K 均值聚类算法的实现步骤

K 均值聚类算法是无监督学习的代表，没有所谓的 Y（目标特征）。其主要目的是分类，分类的依据就是样本之间的距离。K 均值聚类算法的实现步骤如下。

① 随机选择 K 个点作为初始质心。

② 对于剩下的数据点，根据其与质心的距离，将其归入最近的簇。

③ 对每个簇，计算所有数据点的均值并将其作为新的质心。

④ 重复步骤①和步骤②，直到质心不再发生改变。

聚类算法根据数据之间的相似度来确定归属，而相似度的计算方法并不唯一，例如计算距离的方法有欧几里得距离、曼哈顿距离或闵可夫斯基距离等。

2．K 均值聚类算法的优缺点

优点：原理比较简单，也很容易实现，收敛速度快；聚类效果较优；算法的可解释度比较强；需要调参的参数仅仅是簇数 K。

缺点：K 值的选取不好把握；不凸的数据集比较难收敛；如果各隐含类别的数据不平衡，如各隐含类别的数据量严重失衡，或者各隐含类别的方差不同，那么聚类效果不佳；采用迭代方法，得到的结果只是局部最优；对噪声和异常点比较敏感。

7.3.2　K 均值聚类算法的主要参数

K 均值聚类算法的一般格式如下。

```
KMeans (self, n_clusters=8, init='k-means++', n_init=10, max_iter=300, tol
=1e-4,
    precompute_distances='auto',verbose=0, random_state=None, copy_x=True,
n_jobs=1)
```

主要参数说明如下。

① n_clusters：K 值，一般需要多试一些值以获得较好的聚类效果。

② init：初始值的选择方式，可以是完全随机 "random"、优化过的 "k-means++" 或者自己指定初始的 K 个质心。一般建议使用默认的 "k-means++"。

③ n_init：用不同的初始质心运行算法的次数。由于 K 均值聚类算法是结果受初始值影响的局部最优的迭代算法，因此需要多试几次以选择一个较好的聚类效果。运行次数默认是 10，一般不需要改。如果 K 值较大，那么可以适当增大该值。

④ max_iter：最大的迭代次数，凸数据集可以忽略该值。如果数据集不是凸的，可能很难收敛，此时可以指定最大的迭代次数让算法及时退出循环。

⑤ precompute_distances：有 "auto" "full" "elkan" 3 种选择。"full" 就是传统的 K 均值聚类算法，"elkan" 是 elkan K 均值聚类算法。默认的 "auto" 会根据数据值是否稀疏，决定如何选择 "full" "elkan"。一般数据是稠密的，就选择 "elkan"，否则就选择 "full"。一般来说建议直接用默认的 "auto"。

7.3.3　根据身高、体重和性别聚类

1．使用 K 均值聚类算法对身高、体重两个特征数据进行聚类

设定质心个数为 4，可以将平面划分为 4 个不同区域，代码如下。

```
#-*- coding: utf-8 -*-
import pandas as pd
import numpy as np
import matplotlib.pyplot as plt
from mpl_toolkits.mplot3d import Axes3D
from sklearn.cluster import DBSCAN
from sklearn import metrics
from sklearn import preprocessing
from sklearn.preprocessing import MinMaxScaler
from pylab import mpl
mpl.rcParams['font.sans-serif'] = ['SimHei']
mpl.rcParams['axes.unicode_minus'] = False
#读取数据
data = pd.read_csv('d:\\data\\hw.csv')
X=data[['身高','体重']]#DataFrame 类型
#print(type(X))
#确定质心个数进行聚类
from sklearn.cluster import KMeans
num_clusters = 4
kmeans = KMeans(init='k-means++', n_clusters=num_clusters, n_init=10)
#训练
kmeans.fit(X)
#预测
y_pred = kmeans.fit_predict(X)
#聚类结果的可视化
plt.scatter(data['身高'],data['体重'], c=y_pred)    #按预测结果变换颜色
plt.colorbar()
```

```
plt.title('聚类分析结果')

plt.show()
```

我们可以将 4 个区间按线条划分，并将质心位置用五角星标记出来。代码如下。

```
#分区可视化展现分类结果

x_min, x_max = min(data['身高']) - 1, max(data['身高']) + 1

y_min, y_max = min(data['体重']) - 1, max(data['体重']) + 1

step_size = 0.01

x_values, y_values = np.meshgrid(np.arange(x_min, x_max, step_size), np.
arange(y_min, y_max, step_size))

#预测结果

predicted_labels = kmeans.predict(np.c_[x_values.ravel(), y_values.ravel()])

#聚类结果

predicted_labels = predicted_labels.reshape(x_values.shape)

plt.figure()

plt.clf()

plt.imshow(predicted_labels, interpolation='nearest',

        extent=(x_values.min(), x_values.max(), y_values.min(), y_values.
max()),

        cmap=plt.cm.Spectral,

        aspect='auto', origin='lower')

#原始数据

plt.scatter(data['身高'], data['体重'], marker='o',

        facecolors='yellow', edgecolors='red', s=30, alpha=0.5)

#设置质心

centroids = kmeans.cluster_centers_

plt.scatter(centroids[:,0], centroids[:,1], marker='*', s=200, linewidths=3,

        color='k', zorder=10, facecolors='black',edgecolors='white',alpha=0.9)

plt.title('聚类分析结果')

plt.xlim(x_min, x_max)

plt.ylim(y_min, y_max)

plt.xticks(())

plt.yticks(())

plt.show()
```

运行结果如图 7-5 所示。

聚类分析结果

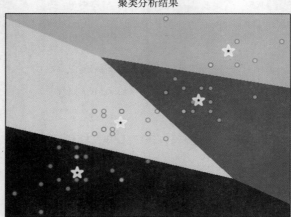

图 7-5　增加质心标记的聚类分析结果

上述程序使用 kmeans.cluster_centers_ 方法获得质心的坐标位置，下标 0 为 x 轴位置，下标 1 为 y 轴位置。

2．根据身高、体重和性别 3 个特征对用户进行聚类

对 3 个特征进行聚类，就需要用三维坐标图展现，代码如下。

```
#-*- coding: utf-8 -*-
import pandas as pd
import matplotlib.pyplot as plt
from mpl_toolkits.mplot3d import Axes3D
from sklearn import preprocessing
from sklearn.preprocessing import MinMaxScaler
from pylab import mpl
mpl.rcParams['font.sans-serif'] = ['SimHei']
mpl.rcParams['axes.unicode_minus'] = False
#读取数据
data = pd.read_csv('d:\\data\\hw.csv')
#对性别进行数值化处理
le = preprocessing.LabelEncoder()
data['Gender'] = le.fit_transform(data['性别'])
#归一化
minMax = MinMaxScaler()
```

```python
data['Weight']=minMax.fit_transform(data[['体重']])
data['Height']=minMax.fit_transform(data[['身高']])
X=data[['Gender','Height','Weight']]    #DataFrame 类型，共有 3 项特征
#print(type(X))
#确定质心个数进行聚类
from sklearn.cluster import KMeans
num_clusters = 5     #分为 5 类
kmeans = KMeans(init='k-means++', n_clusters=num_clusters, n_init=10)
#训练
#kmeans.fit(X)
#用训练器数据 X 拟合分类器模型并对训练器数据 X 进行预测
predicted_labels = kmeans.fit_predict(X)     #预测结果
print(predicted_labels)
#聚类结果的可视化
fig = plt.figure()
ax = fig.gca(projection='3d')
ax.set_xlim(0, 1)
ax.set_ylim(0, 1)
ax.set_zlim(0, 1)
ax.set_xlabel('体重')
ax.set_ylabel('性别')
ax.set_zlabel('身高')
ax.scatter(data['Weight'], data['Gender'], data['Height'], zdir='z', c=
predicted_labels)
ax.view_init(elev=20., azim=-35)
#设置质心
centroids = kmeans.cluster_centers_
plt.scatter(centroids[:,1], centroids[:,0],centroids[:,2], zdir='z', marker=
'o', linewidths=10,
        color='red',zorder=5, facecolors='red',edgecolors='red')
plt.title(u'聚类分析结果')
plt.show()
```

运行结果如图 7-6 所示。（各坐标数据已做归一化处理，故此图没有坐标轴单位）

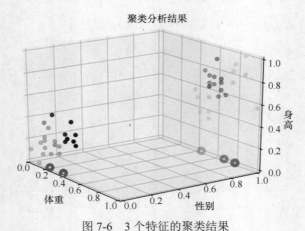

图 7-6　3 个特征的聚类结果

上述程序中有两个知识点要讲清楚。

（1）归一化。使用 MinMaxScaler()进行最简单的归一化，将每个元素（或特征）转换成给定范围的值，默认转换区间为[0,1]。归一化是一种无量纲处理手段，使物理系统数值的绝对值变成某种相对值。归一化可以提高模型的收敛速度和精度。

（2）fit_predict()函数。kmeans. fit_predict(X)函数使用训练器数据 X 拟合聚类（或分类）器模型并对训练器数据 X 进行预测。它与 predict(X)函数的区别：使用 predict(X)之前要先对算法模型进行 fit 拟合再预测；而 kmeans.fit_predict(X)函数是将拟合与预测合成一个函数。当然，kmeans.fit_predict(X)函数的预测与拟合只能使用同一个数据集。

7.3.4　对鸢尾花数据进行 K 均值聚类

根据鸢尾花的特征属性（花萼长度_cm、花萼宽度_cm、花瓣长度_cm、花瓣宽度_cm）进行 K 均值聚类，聚类数为 3，迭代次数为 2000，输出质心、每个类包含的记录个数，以及该类所包含的品种。代码如下。

```python
#-*- coding: utf-8 -*-
import pandas as pd
import matplotlib.pyplot as plt
from mpl_toolkits.mplot3d import Axes3D
from sklearn import preprocessing
from sklearn.preprocessing import MinMaxScaler
from pylab import mpl
mpl.rcParams['font.sans-serif'] = ['SimHei']
mpl.rcParams['axes.unicode_minus'] = False
```

```
#读取数据
df = pd.read_csv(r'd:\\data\\鸢尾花数据集.csv',engine='python',encoding=
'gbk')
X=df[['花萼长度_cm','花萼宽度_cm','花瓣长度_cm','花瓣宽度_cm']]
#DataFrame 类型，4 项特征
#print(type(X))
#确定质心个数并进行聚类
from sklearn.cluster import KMeans
num_clusters = 3      #分为 3 类
max_ite=2000     #迭代次数
kmeans = KMeans(init='k-means++', n_clusters=num_clusters, n_init=10,
max_iter = max_ite)
#训练
#kmeans.fit(X)
#用训练器数据 X 拟合分类器模型并对训练器数据 X 进行预测
predicted_labels = kmeans.fit_predict(X)        #预测结果
#聚类质心
c_cen=kmeans.cluster_centers_
#统计聚类结果每个类的个数
cluster=set(predicted_labels)       #转换为集合，去重得到聚类元素集合
List1=list(predicted_labels)        #转换为列表，便于使用 count 函数
count1=[]      #存放统计聚类结果的元素个数
for i in cluster:
    count1.append(List1.count(i))
    #print(i,'出现的次数: ',count)
    #统计每个类包含的品种
df['预测值']=predicted_labels      #将预测结果添加到 DataFrame
count2=[]    #存放所有聚类对应的鸢尾花品种及个数
for i in cluster:
    df1=df.loc[df['预测值']==i]     #按照预测值分割 df
    pz=list(df1['品种'])               #转换为列表，方便 count 统计
    pzgs=set(pz)    #去重
    count3=[]       #临时存放一个聚类对应的鸢尾花品种及个数
```

```
     for j in pzgs:
          count3.append((j,pz.count(j)))      #追加鸢尾花品种名称和个数
     count2.append(count3)      #保存每个预测值对应的鸢尾花品种名称和个数
print(c_cen)      #显示质心
print(count1)      #显示聚类结果的元素个数
print(count2)      #显示每个聚类对应的鸢尾花品种名称和个数
for i in cluster:  #按要求输出
    print('cluster ={}  质心: {}, 包含的记录数为{}个, \
    包含鸢尾花品种及其个数: {}=='.format(i,c_cen[i],count1[i],count2[i]))
```

运行结果如下。

```
    cluster =0  质心: [5.9016129  2.7483871  4.39354839  1.43387097], 包含的记录数
为 62 个, 包含鸢尾花品种及其个数: [('变色鸢尾', 48), ('弗吉尼亚鸢尾', 14)]==
    cluster =1  质心: [5.006  3.418  1.464  0.244], 包含的记录数为 50 个, 包含鸢尾花品
种及其个数: [('山鸢尾', 50)]==
    cluster =2  质心: [6.85  3.07368421  5.74210526  2.07105263], 包含的记录数为 38
个, 包含鸢尾花品种及其个数: [('变色鸢尾', 2), ('弗吉尼亚鸢尾', 36)]==
```

从结果可以看出，山鸢尾品种与记录数完全对应，其次是弗吉尼亚鸢尾。变色鸢尾对应程度低得多，其中掺杂了数量较多的弗吉尼亚鸢尾，这说明弗吉尼亚鸢尾和变色鸢尾的特征数据有接近的地方。